U0052258

Phalaenopsis

Phalaenopsis

全年度
蝴蝶蘭栽培
基礎書

富山昌克
Tomiyama Masakatsu

全年度
蝴蝶蘭栽培
基礎書
Phalaenopsis

目錄

Contents

本書的使用方法

指南小精靈
介紹每個月栽培方法的「12個月栽培指南」系列套書中的指南小精靈。無論是什麼植物都能完美地說明介紹，但其實有點緊張害羞……

本書將蝴蝶蘭的栽培，區分成1至12個月，依照每個月的作業和管理進行詳盡的解說。也會針對常見問題的Q＆A、病蟲害的防治法等，顯淺易懂地進行介紹。

＊ 「各式各樣的美麗蝴蝶蘭」 在P.10至19中，除了經典的花色和花樣之外，也會介紹高人氣的迷你類型的蝴蝶蘭。

＊「蝴蝶蘭栽培的基礎」
「因溫度而不同的生長週期」
在P.20至27中，介紹蝴蝶蘭基本的栽培方法及生長週期。

＊「12個月栽培指南」
在P.31至75中，將每個月的作業分成兩階段進行解說：即使是初學者也一定要進行的 **基本** 作業；中高級栽培者若有多餘精力時，可嘗試著挑戰的 **進階** 作業。

條列出本月的管理要點 ◀

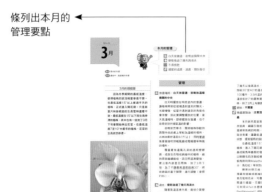

▶ 條列出本月的主要作業

基本
即使是初學者也務必要進行的作業。

進階
中高級者若有多餘精力時，可試著挑戰看看的作業。

＊「常見問題Q＆A」
在P.81至90中，針對栽培上常見的問題進行解答。

＊「徹底解說！病蟲害的防治」
在P.91至95中，針對蝴蝶蘭會發生的主要病蟲害，及對策辦法進行解說。

● 本書以日本關東以西地區為基準進行說明。隨著不同的地區和氣候，生長狀況、開花期、適合作業的時期也會有所不同。此外，澆水、肥料的分量等為參考值。請視植株的實際狀況進行調整。

● 依據「植物品種及種苗法」的規定，不得在沒有品種權利人之同意下，以讓渡、販賣為目的，進行已取得品種權利之品種的繁殖。進行扦插等營養繁殖時，請於事前仔細確認。

● 進行藥劑散布時，請選在無風的日子裡進行，並於事前通知街坊鄰居。

蝴蝶蘭魅力大

1 華麗花朵成群綻放

任誰都會被蝴蝶蘭所吸引，就是那如蝴蝶成群飛舞的華麗姿態。乾淨清透的白色花朵、華美的粉紅花朵等……蝴蝶蘭擁有其他花卉所沒有的獨特氣質。

2 花期長，能長時間欣賞

花朵的壽命比其他洋蘭更長，持續綻放約2至3個月，能長時間觀賞。

3 有第二波花可觀賞

花期結束後，若將花莖剪短，約兩至三個月後會開出第二波的花朵。第一波花加上第二波花，一年中就有將近四個月有花朵可以欣賞。

4 不須太大的栽培空間

雖然蝴蝶蘭的長花莖和大花朵很醒目，但植株的本身只有盆花的大小。贈禮用的大型植株其實是將兩至三株集中於一盆而成。花期結束後，若分別栽種至不同的花器中，就不會占據太大的空間。

5 在明亮的窗邊就能栽培

溫暖的公寓中，因為冬季的最低溫度能維持在15°以上，只要放在明亮的窗邊就能栽培。而獨棟的建築物，若能在冬天時，讓最低溫度維持接近在15°，雖然開花期也許會延後至5至6月，但仍有充分的花朵可以觀賞。

**贈禮用的植株
是作好營養管理的健美男子**

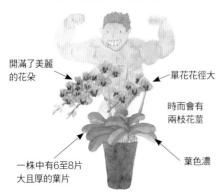

開滿了美麗的花朵

單花花徑大

時而會有兩枝花莖

一株中有6至8片大且厚的葉片

葉色濃

※家中若有室內小型溫室或溫箱，就能培育出像上圖中的植株（參照P.79）。

**一般家庭在明亮的窗邊栽培
以穠纖合度且健康的植株為目標**

雖然花徑小、花數少，但年年開花

葉片有4片以上

※植株大小適中，穠纖合度。
※只要一旦習慣了室內的環境，其實是很健壯的。

蝴蝶蘭
是什麼樣的植物？

蝴蝶蘭名稱的由來

在日本，因為讓人聯想到蝴蝶飛舞的優雅姿態，因此稱為蝴蝶蘭。而蝴蝶蘭的學名為Phalaenopsis，縮寫為Phal.。由希臘語的phalaina（蛾）和opsis（像似）而來，有「像似蛾般」的意思。英文名則稱為「Moth orchid」，意思為「蛾蘭」。原由是因為指定模式種的南洋白花蝴蝶蘭（Phalaenopsis amabilis）花型像是棲息在熱帶地區中的蛾。東西文化及感性上的差異，造就了花名命名上的不同，此點也相當有趣。

蝴蝶蘭近緣屬的朵麗蘭（Doritis），及由此兩屬進行屬間交配的朵麗蝶蘭（Doritaenopsis）也被歸類為蝴蝶蘭。

蝴蝶蘭的原產地。印尼、爪哇島西部。海拔約900公尺。

蝴蝶蘭為附生蘭，能著根於樹幹或樹枝上生長。

原產地為亞洲的熱帶至亞熱帶地區

蝴蝶蘭屬以東南亞為中心，喜馬拉雅山脈的山麓、印度、中國南部，從台灣、蘇門答臘島、婆羅洲、菲律賓、新幾內亞島、馬來半島、印尼、到澳洲北部，約分布有50多種品種。

蘭科植物有生長在地面的地生蘭，也有生長在樹上的附生蘭，而蝴蝶蘭屬於附生蘭，附生在有陽光透射進來，樹高較高的樹木上。

原產地為熱帶到亞熱帶地區。雖然高溫多濕，但因附生在較高的樹木上，所以是通風非常良好的環境。白天時溫度高（約28°）且通風好，晚間溫度下降（約18°）。為了隔天的白天要進行光合作用，晚間會吸收充足的二氧化碳。若能了解原產地的環境，相信在準備自家的栽培環境時，必能派上用場。

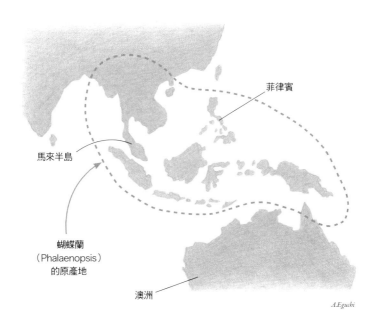

菲律賓

馬來半島

蝴蝶蘭
（Phalaenopsis）
的原產地

澳洲

A.Eguchi

7

蝴蝶蘭的植株＆花朵構造

蝴蝶蘭有著和一般草花不同的構造。
在開始進入栽培之前，請先熟記各部位的名稱及其功能。

植株的構造

花

花莖

葉

根

花朵的構造

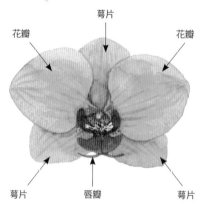

萼片

花瓣

花瓣

萼片

唇瓣

萼片

由三片萼片、兩片花瓣、一片唇瓣所構成。花朵張開呈平面，瓣質從薄至厚皆有。花色豐富多樣，有白色、桃色、紫紅色、黃色、綠色、斑紋等。花徑從1公分至15公分皆有。

葉

莖短，長橢圓形的葉片互生呈兩列。葉片肉質厚，分成綠葉系統和斑葉系統。
一般為常綠性，但也有落葉性的品種。

根

與一般草花不同，根部覆蓋有白色的
海綿狀組織。除了有吸收水分的功能
外，還能附生在樹木上。移植時要注
意不要摺到根的基部。

花莖

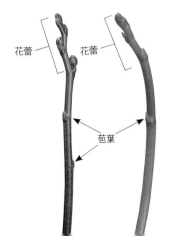

花蕾　花蕾

苞葉

花莖的顏色有綠色和茶色，長度也有長有
短。部分品種會分枝。花量從一朵到數
朵，也有會結出許多花朵的品種。紫紋蝴
蝶蘭（Phalaenopsis violacea）等一部
分的原生種，在花朵結束後，花莖並不會
枯萎，會繼續生長。苞葉的基部也被稱為
「節」。苞葉微微打開後，花蕾會伸出。

各式各樣的美麗蝴蝶蘭

挑選那棵一見鍾情的蝴蝶蘭，就是最佳選擇

一般在市面上流通的蝴蝶蘭，如贈禮用的盆花等，大多都是交配種。雖然每年都會有新品種上市，但一般市面上常見的品種幾乎都不是嶄新的花型、花色、花紋，都是普遍常見的株型。因此極少有植株上會清楚標示上品種名。因為沒有名字，所以要再次遇到相同的蝴蝶蘭其實並不容易。當你對某一棵一見鍾情時，就是你該買下它的時刻。

白花系
交配種

大多是與中輪白花的原生種南洋白花
蝴蝶蘭（Phalaenopsis amabilis）
或白蝴蝶蘭（Phalaenopsis
Aphrodite）交配，
挑選出美麗的花朵，
持續交配後所得出的品種。
花徑最大可達15公分。

↑ 大白花蝴蝶蘭（Phalaenopsis
Sogo Yukidian 'V3'）雖說是
白花，但並非純白，大多唇瓣上
會帶有淡淡黃色。

→
中心紅色的為semi-
alba，也被稱為白
花紅唇瓣。

11

粉紅花系
交配種
Phalaenopsis

　　大輪花系多為朵麗蝶蘭
（Doritaenopsis）的同類。
西蕾麗蝴蝶蘭（Phalaenopsis
schilleriana）等粉紅色的原生種
　和近緣屬的鮮紅色小輪花的朵麗蘭
（Doritis pulcherrima）交配而成。

↓花瓣為淡粉紅色，有著高人氣的
　品種。唇瓣上帶有淺黃色。

利用馬口鐵的漏斗來代替花
盆，如此一來也能吊掛在有陽
光照射進來的窗邊栽培。濃郁
的花色在陽光下格外醒目。

12

紅色唇瓣，花瓣為淡黃色的
品種。近年來也有橘色的品
種問世。

Phalaenopsis

黃花系
交配種

大多是由花瓣厚的黃色原生種和
大輪且形狀端正的
白色花交配而出。
經篩選，選出同時兼具有黃色原
生種的花色和花瓣厚度、
白色大輪花的花徑、花朵數量的
植株。

→
因黃花品種的育種不易，
因此數量少。顏色越是濃
郁的品種越是困難。

點斑

Phalaenopsis

花紋
交配種

點斑系列又被稱為斑點花，
條斑系列則被稱線條花。
潑墨紋，帶有從花瓣中心
朝外側放射的線狀花紋。
蝴蝶蘭不只有單色的花色，
部分品種花朵上所帶有的多樣花紋，
更為蝴蝶蘭增添一大魅力。

↑ 點斑中，有每個花朵每次都
會出現的性質安定的點斑，
但也有時會消失不見，性質
不安定的點斑。

← 整朵花朵上帶有細小的點
斑。斑點花的品種在海外
尤其具有高人氣。

14

條斑

整朵花朵上均布滿線條的品種。
花紋不會受栽培環境而影響，此
點也是蝴蝶蘭的特徵之一。

如覆輪般，帶有深紅色花紋的品
種。在白色花瓣上更顯耀眼。

潑墨紋

↑ Doritaenopsis Taiwan
Red Cat淡濃紅色的花紋
相當優雅美麗。

↑ 因為不占空間，能同時並
排好幾盆在窗邊。

Phalaenopsis

迷你型

迷你型是由粉紅色的小輪原生種相互交配，
所育出的強健品種。
花莖分枝，有些能結出相當多的花朵，
甜美中又帶著華麗，
近年來人氣不斷急升中。

→
市面上有裝飾成禮品的
迷你蝴蝶蘭在流通。

正因為尺寸迷你，所以能
作成苔球來觀賞。作法請
參照P.60。

紫紋蝴蝶蘭
（Phalaenopsis violacea）
M.Tomiyama

原生種

約有50種，主要分布在東南亞。
被利用來作為交配用的親本，
現在的大輪白花系，可以說是以
紫紋蝴蝶蘭（Phalaenopsis violacea）
反覆交配而成的結晶。
因具有原生種特有的素雅、可愛氛圍，
在蝴蝶蘭愛好者中有著相當高的人氣。
和大輪的雜交品種相比，更為強健且容易栽培，
此點也是原生種的魅力之一。

南洋白花蝴蝶蘭（Phalaenopsis amabilis）

姬蝴蝶蘭（Phalaenopsis equestris）

華西蝴蝶蘭
（Phalaenopsis wilsonii）

派瑞許蝴蝶蘭（Phalaenopsis parishii）

M.Tomiyama

**也有這樣的
蝴蝶蘭**

以三株白色蝴蝶蘭作成的組盆，
在過去一直都是贈禮用蝴蝶蘭的經典。
但近年來，在花朵上描繪圖樣、
透過誘引讓花朵上下排列……
嶄新且引人注目的蝴蝶蘭
也逐漸開始流通。

↑ 吸取了藍色的染色液，花瓣
呈現藍色的蝴蝶蘭。

→
花瓣上描繪有鮮明圖樣
的蝴蝶蘭。

← 調整花莖的長短，透
過誘引讓花朵排列成
上下兩層的蝴蝶蘭。

19

蝴蝶蘭
栽培の基本

蝴蝶蘭如果在最低溫度15°以下的場所放置了幾天，生長就會幾近停止，而若是低於7°以下的場所，就會枯死。因此為了要讓蝴蝶蘭度冬，在過去一直都認為必須要有溫室等的保溫、加溫設備。

但近年來，公寓大廈等的住宅環境，因氣密性提升，即使是在冬天，一般生活起居的房間內也能維持18°至20°的溫度。因此在室內就能輕鬆地讓蝴蝶蘭度過寒冬。

另一方面，日本的夏季變得越來越炎熱。和十多年前相較，平均氣溫上升，不得不說現在的環境對蝴蝶蘭而言變得更為嚴苛。

如果考慮上述這些日本的環境變化，建議將蝴蝶蘭擺放在室內的窗邊栽培，如此最不需費心。一直以來，冬天需要溫室、夏季又要遮光，需要花心思照顧的蝴蝶蘭，往後只要讓它們一整年都在窗邊，就能年年開花，變成隨手可及、處處可玩賞的植物。

留意澆水時的水溫

當盆內一直處於潮濕的狀態時，容易出現根部腐爛的現象。因此每澆過一次水後，介質尚未變乾前不再澆水，此點可說是栽培時的最大要訣。即使幾天忘了澆水，蝴蝶蘭也不會馬上枯萎。

冬季時，自來水的水溫會低於10°，甚至會降至5°左右。在生長緩慢的冬天，澆了冷水，根部並無法吸收。結果使得盆內一直都是潮濕的狀態，細菌繁殖蔓衍，結果導致根部腐爛。就算是在春天或秋天，自來水的水溫也會有低溫的時候。因此，澆水用的水，盡量先儲水置放，待水與室溫相近後再澆水。11月至4月期間，將水加溫器的溫度設定在35°，於早晨時施給溫水。

蝴蝶蘭的葉片基部容易積水，若一直處於潮濕的狀態，容易產生疾病。因此，為了不要澆到葉片，利用澆水壺在植株基部澆水，此點也是很重要的。

不使用培養土而以水苔來栽培

蝴蝶蘭原本是附生在樹木枝幹的樹皮上，根部無時無刻都會接觸到空氣。就算下了雨，根部的附近也會因為風而馬上變乾，是乾溼差非常大的生長環境。

會使用水苔等作為蘭花的栽培介質，就是基於上述的性質而來。基本上，無法以一般園藝用的培養土來代替。尤其是常見的赤玉土等，土壤顆粒會隨著時間而崩散，變成黏土質，會阻礙根部的呼吸，導致根部腐爛，絕對不可使用。

澆水注意要點

必須隨著花盆中是單株或組盆，來改變澆水的方式。

單株

確認栽培介質的表面是否已變乾，並以竹筷插入根團後拔出，若竹筷沒有變濕，即可澆水。千萬不可施給過多的水分，因此澆水的祕訣在於，量測水量，並依照盆器的大小來改變澆水的水量。3吋盆（直徑9公分）約施給100毫升，3.5吋盆（直徑10.5公分）約施給150毫升。

組盆

先將植株基部的水苔取出，一一確認各個黑軟盆內的乾燥狀態後，再小心地澆水。不要讓盆底流出的餘水囤積在接水盆中，請馬上清除。

單株的澆水

1

準備適合花盆大小的水量

以3吋盆為例。使用量杯等，準備約100毫升的水。

2

直接澆水在栽培介質上

緩慢地在植株基部澆水，並小心不要讓水從盆緣溢出。

3

勿讓水殘留在接水盆中

不要忘記將流到接水盆中的餘水清除乾淨。

組盆的澆水

1 收到組盆後，確認植株基部

贈禮用的蝴蝶蘭組盆。仔細觀察基部就能知道總共有幾株。

2 取出覆蓋用的水苔

取出基部的水苔後，大多會發現植株是連同黑軟盆直接放入。

3 每一盆都要澆水

確認各個黑軟盆內的乾燥狀態後，每一盆注入約100毫升的水。

4 勿讓水殘留在接水盆中

從盆底會流出餘水至接水盆中，馬上清除。

5 將水苔放回植株基部

將先前取出的覆蓋用的水苔放回。

6 再次確認接水盆是否有水

有時仍會有餘水流出，不要忘記將水清除乾淨。

準備三要素等量的肥料
及磷多的肥料

　　生長期時施給氮、磷、鉀等量（三要素等量）配比的肥料。此肥料能促進葉片生長，目的是為了讓葉片在生長期時能成長到充足的大小，培育出充實的植株。足夠充實的植株約在9月時會進入結花芽的花芽分化期，此時若施給磷酸比例多的肥料，更容易結出花芽。本書是以具有能讓植株健全生長的保溫設備為設定前提（參照P.76）。

　　三要素等量的肥料，所指的是使用N-P-K＝8-8-8等，包裝標示上所記載的各成本比例相等的肥料。而磷多的肥料，指的是磷（P）的數值大於氮（N）的肥料，例如N-P-K＝6-40-6等。只要成分的比例適當，洋蘭之外的肥料也能利用。

液體肥料的使用方法

　　液體肥料一般是將濃縮的原液或粉末，加水溶解後使用。無論是原液或粉末，都將其視為1克＝1毫升，若稀釋比例為1000倍，1毫升就需以1公升（1000毫升）的水來稀釋。為了避免施肥過多導致肥傷，實際上在調配時可多用2倍的水（此處為2公升）來稀釋，如此會較為安全妥善。

固體肥料的使用方法

　　固體肥料使用的是緩效性的化合肥料。若不小心使用到了速效性的肥料，可能會因高濃度產生肥傷現象，因此需特別留意。

　　施肥時，依照花盆尺寸大小的規定量來加。緩效性化合肥料雖然多半可持效40至50天，但若能在每個月施肥時，先將上次加的肥料清除，再依規定量重新施肥，如此更能帶來穩定的效果。

　　肥料的種類和施肥的時機，會依照溫度管理而有所改變，具體說明請參照各個月份的解說。

**我收到了一盆蝴蝶蘭，
長有三枝好壯的花莖。
我該怎麼照顧它比較好呢？**

 **在5月之前，
維持原狀即可。**

園藝店所販賣的贈禮用蝴蝶蘭，多是由兩至五株所組成的組合盆栽。若將植株基部的水苔輕輕取出後，就會發現裡面直接擺進了原本的黑軟盆。

這是將原本一株一株的開花株，利用裝飾用的漂亮花盆所作出的組合盆栽。如果直接澆水在覆蓋用的水苔上，會過於潮濕，容易導致根部腐爛。因此需要一一確認各個黑軟盆內的乾燥狀態後，再進行澆水（參照P.23）。

如果擺放位置的環境優良，是可以一直原封不動繼續栽培的。但因管理會變得困難，建議在進入5月後將每一株從大花盆中取出，並移植到和黑軟盆相同大小的素燒盆中，或以新的水苔將根團周圍包捲起來後，移植到大一點的素燒盆中。

贈禮用的蝴蝶蘭組盆。

因溫度而不同的生長週期

蝴蝶蘭的生長週期（生長→花芽分化→花莖伸長→開花）會隨著溫度管理而出現變化。特別是寒冷季節時的最低溫，若降低就會影響生長，花期也會延後。建議栽培前，先了解住家中的栽培溫度。

最低溫度如果一直在27°以上，葉片會一整年都不斷生長（營養生長），但不會結花芽。要結花芽，必須具備低溫條件，也就是原本溫暖的溫度要下降到18°。結出花芽後，如果最低溫能維持在18°以上，約1個月後花莖就會開始伸長，再兩至三個月後就會開花。

本書中的擺放場所是在室內，並盡可能選在溫暖的窗邊（最低溫度15°以上），以防止冬季的生長停滯，並以讓蝴蝶蘭在2至4月時開花為目標。

溫度&蝴蝶蘭的生長狀況

∼42	若超過42°，溫度過高，會開始出現枯死現象
37	新葉上有皺摺、變硬等，出現高溫性生理障礙
32	持續營養生長的溫度上限
27	不結花芽，持續營養生長的最低溫度
20	使花芽伸長的最適溫度
18	使花芽分化的最適溫度 使花莖正常伸長的最低溫度 持續營養生長的最低溫度
15	花莖能勉強伸長的最低溫度
10	開始出現下方葉片掉落的現象
7∼	生存危機。 低於此溫度，會出現枯死現象
(°C)	

因溫度管理造成生長週期出現差異

獨棟住宅等的室內栽培（冬季的最低溫度10至15°）

1	2	3	4	5	6	7	8	9	10	11	12

成長停滯　　　　　　　　　　　　　　　　生長期

花莖停止伸長　　　　花莖伸長期　開花期　　　　　　　花芽分化期　　花莖伸長期

公寓等氣密性高的室內栽培（冬季的最低溫度15°以上）

1	2	3	4	5	6	7	8	9	10	11	12

緩慢生長　　　　　　　　　　　　　生長期　　　　　　　　緩慢生長

花莖緩慢伸長　　　　開花期　　　　　　　　　　花芽分化期　　花莖伸長期

具有保溫設備的溫室栽培（冬季的最低溫度18°以上）

1	2	3	4	5	6	7	8	9	10	11	12

生長期

開花期　　　　　　　　　　　　　花芽分化期　　花莖伸長期

參考・每月的最低氣溫（1981 至 2010 年的平均值）

月	1	2	3	4	5	6	7	8	9	10	11	12
東京	2.5	2.9	5.6	10.7	15.4	19.1	23.0	24.5	21.1	15.4	9.9	5.1
大阪	2.8	2.9	5.6	10.7	15.6	20.0	24.3	25.4	21.7	15.5	9.9	5.1

※上述表格中的數值是在室外且通風良好的無日照處所量測的氣溫。
　室內會隨著建物的結構，較此數值高出3至10°。

管理年曆──蝴蝶蘭一年12個月的作業

	1月	2月	3月	4月	5月

生長狀態

公寓等的情況
最低溫度在
15°以上

緩慢生長

花莖伸長　　　開花

獨棟住宅等的情況
最低溫度在
10°以上15°以下

生長停滯

花莖停止伸長　　　花莖伸長

管理

放置場所 ☀

窗邊等明亮場所

氣溫驟降的夜晚進行防寒對策

澆水 💧

變乾後過了幾天再澆水

變乾後過了一星期以上再澆水　　　變乾後過了幾天再澆水

肥料 🎲

主要作業

固定花莖於支柱上（最低溫度15°以上的情況）

P.36

固定花莖於支柱上（最低溫度15°以下的情況）

↓

P.36

豎立觀賞用支柱（最低溫度15°以上的情況）

P.40

花莖修剪（最低溫度15°以上的情況）

↓

P.16

移植

6月	7月	8月	9月	10月	11月	12月

生長期　　　　　　花芽分化　　　　　　　　　　緩慢生長

第二波花開花　　　　　　　　　　花莖伸長

生長期　　　　　　花芽分化　　　　　　　　　　生長停滯

開花　　　　　　　　　　第二波花開花　　　　花莖伸長

沒有陽光直射的明亮窗邊　　　　　　窗邊等明亮場所
（9月之前，沒有陽光直射的明亮室外也OK）

氣溫驟降的夜晚進行防寒對策

變乾後馬上澆水　　　　　　　　變乾後過了幾天再澆水

以稀釋倍數兩倍所稀釋過的液體肥料，每周一次
（緩效性化合肥料的盆面置肥也OK）

P.40
↑
豎立觀賞用支柱（最低溫度15°以下的情況）

→ P.46
花莖修剪（最低溫度15°以下的情況）

→ P.65
第二波花的花莖修剪

→ P.50

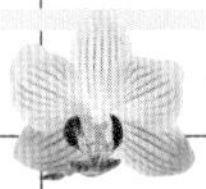

關於植株的取得

若鍾情於原生種或品種
要到專門店去尋找

　　蝴蝶蘭一整年都有開著花的開花株在流通，因此可在園藝店或蘭花的專門店中，一邊欣賞真花，一邊挑選喜歡的植株。

　　每年都會有新名字的品種上市，但並不代表著隔年該品種也會被生產、販售。過了幾年後就很難買得到的品種也不在少數。如果想要培育原生種，或從以前就有名氣的品種，建議還是到蘭花專賣店去尋找。

仔細確認植株狀態後再購買

　　在店面購買時，不是只看花，也要確認植株的狀態。充實飽滿的植株，不僅葉片厚，葉片朝斜上（約45°角）大大地舒展延伸，葉片也有四片以上。若葉片的數量有七至八片，隔年還有可能會伸出兩枝花莖。

若在冬季時購買
要注意環境的變化

　　市面上販賣的是生產者從溫暖的溫室中培育出來的植株。如果是冬天在店面購買時，要避免選擇陳列在寒冷場所中的植株。即使有花開著，但植株有可能已經因為低溫而受傷。購入後，也要注意勿讓植株吹到外頭的冷風、或從縫隙中吹進來的冷風，盡可能在溫暖的場所中栽培。

購買時，容易被花朵的數量或花莖的多寡而迷惑。請觀看葉片，若能選擇像左方，葉量多，葉片朝45°立起的植株，隔年會較容易開花。

12個月
栽培指南

將主要的作業和管理，
依照月份進行介紹。
讓植株開出優雅華麗、
令人禁不住想要炫耀的花朵吧！

Phalaenopsis

基本 基本作業
進階 適合中・高級栽培者的作業

1月的蝴蝶蘭

一年中最冷的時期是1月下旬至2月上旬，是栽培上最需要費心留意的時期。如果在溫暖的室內，並確保最低溫度有15°，花莖就能一點一點地伸長。若低於15°，花莖和葉片的生長就會停滯。植株可能會受傷枯死，因此要盡力不讓溫度低於7°。12月至2月時，下方的葉片可能會有一片左右出現枯萎的現象，但若植株健康就沒有問題。

Phalaenopsis Taida Lawrence

管理

☀ **放置場所：白天放窗邊，夜晚放溫暖房間的中央**

白天時擺放在明亮室內的窗邊，盡可能讓植株照射從玻璃透射進來的陽光。到了晚上，將植株移動到房間中央的桌上等較為溫暖的場所，讓最低溫度能維持在15°以上。最低溫度若低於7°，花芽和葉片會枯萎，嚴重時甚至會枯死，因此在寒流等特別寒冷的日子要特別留意。千萬不可放置在會直接受到暖風扇或電暖器等熱風吹拂的場所。

白天若出現溫度下降的情況時，可利用開有通風孔洞的透明塑膠袋，連同花盆，將整體覆蓋起來。也有整個冬季將植株擺放進衣物收納箱的栽培方法（參照P.86）。

🌙 **澆水：變乾後過了幾天至一星期以上再澆水**

盆內變乾燥的速度，會隨著栽培介質、室內的溫度・通風等而出現明顯差異。並非以栽培介質的表面來判斷，而是利用竹筷插入內部，當竹筷的前端沒有變濕時，才可判斷盆內已經變乾（參照P.73）。

本月的主要作業

基本 固定花莖於支柱上
進階 豎立觀賞用支柱

1月上旬時，介質變乾後過了幾天再澆水，到了中旬以後，變乾後等一星期以上再澆水，都是在早晨進行。施給30°至40°的溫水，3吋盆約施給100毫升，3.5吋盆約150毫升。

若最低氣溫低於7°以下，在2月結束之前都停止澆水。

肥料：不需要

病蟲害防治：注意因寒冷而出現的疾病，因乾燥而出現的害蟲

易發生因真菌引發的炭疽病、因細菌引發的軟腐病及褐斑細菌病等。一旦發現病症，馬上將發病的葉片切除並丟棄。這些疾病皆容易在低溫時發生，因此盡可能讓最低溫度維持在偏高的狀態。

冬季時溫暖的室內偏乾燥，因此容易出現粉介殼蟲或薊馬等。粉介殼蟲可利用軟刷毛的舊牙刷或棉花棒將其刷落。薊馬則利用Malathion乳劑（有效成分：馬拉松）等來防治。蛞蝓可撒誘殺劑，或在夜間進行捕殺。

主要作業

基本 固定花莖於支柱上

固定花莖，防止盆栽傾倒

冬季時若能讓最低溫度維持在15°以上，11月時冒出的花芽會一點一點慢慢抽長成花莖，2至3月開始開花。為了不讓花莖因為盆栽重心不穩傾倒而折斷，如有必要可利用固定夾將花莖暫時固定在支柱上（參照P.36）。

基本 豎立觀賞用支架

塑造出美麗的姿態

可將花莖誘引在支柱上，塑造出更適合觀賞的姿態（參照P.40）。

一旦出現軟腐病將葉片丟棄處分

當最低溫度接近7°的低溫不斷持續時，抵抗力變弱，容易出現因細菌所引發的軟腐病。具有傳染性，因此須將發病的葉片丟棄處分。

本月的管理

❄ 白天放窗邊，夜晚放房間中央
💧 變乾後過了幾天至一周以上再澆
☀ 不須施肥
🔬 適當的溫度・濕度，預防發生

基本 基本作業
進階 適合中・高級栽培者的作業

2月的蝴蝶蘭

　　一年中最冷的日子依然持續。若能讓最低溫度維持在15°以上，花莖會慢慢地伸長，結出花苞，甚至有的還會開出花朵。但最低溫度若低於15°，生長就會處於停滯的狀態。若低於7°以下，葉片、花芽會枯萎，植株時而也會枯死，故要特別留意。12月至2月時，下方的葉片可能會有一片左右出現枯萎的現象，但若植株健康，就不須擔心。

Doritaenopsis Firecracker 'Mount Vernon'

M.Tomiyama

❄ **放置場所：白天放明亮窗邊，夜晚盡可能保暖**

　　每天利用最高最低溫度計，確認溫度，並盡可能勿讓栽培環境低於7°以下，此點是很重要的。白天時擺放在明亮室內的窗邊，讓植株照射從玻璃透射進來的陽光。晚間則將植株移動到房間中央的桌上等較為溫暖的場所，並讓最低溫度能維持在15°以上。請避免放置在會直接吹到暖風扇或電暖器等熱風的場所。

　　若無法維持溫度，可利用開有通風孔洞的透明塑膠袋，覆蓋植株（參照P.70）。若放在衣物收納箱中受保護的植株，維持原狀繼續栽培（參照P.86）。

💧 **澆水：變乾後過了幾天至一星期以上再澆水**

　　利用竹筷插入栽培介質中，確認乾溼的狀態（參照P.73）。即使完全乾燥，也不要馬上澆水，等過了一星期以後再澆，並在早晨進行。施給30°至40°的溫水，3吋盆約施給100毫升，3.5吋盆約150毫升。

1至2月期間，若最低氣溫低於7°以下，在2月結束之前完全不需澆水。

📇 肥料：**不需要**

🎲 病蟲害防治：**注意因寒冷而出現的疾病，因乾燥而出現的害蟲**

此時期易發生因真菌引發的炭疽病、因細菌引發的軟腐病及褐斑細菌病等。如果在冬季期間，逐漸喪失了體力，到了2至3月時，就有可能會突然發病。發病的葉片要馬上切除並丟棄。因低溫而易發，所以請重新檢視栽培環境，並讓最低溫度維持在偏高的狀態。

乾燥的環境，時而會出現粉介殼蟲或薊馬等蟲害。這些害蟲容易發生在開花時期，因此需要特別留意。粉介殼蟲可利用軟刷毛的舊牙刷或棉花棒將其刷落。薊馬則可利用Malathion乳劑（有效成分：馬拉松）等來防治。

蛞蝓會吃食花苞和花朵，可撒誘殺劑，或在夜間進行捕殺。花瓣若出現灰黴病，可利用Afet水懸劑（有效成分：Penthiopyrad）或Benika X Fine 噴霧劑（有效成分：可尼丁、芬普寧、滅派林）來防治。

確認植株的狀態！

冬季時易出現的生理障礙
低溫和乾燥狀態不斷持續時，會出現各式各樣的生理障礙。盡速進行植株的再生作業（參照P.84）。

出現脫水症狀的植株
根部因低溫而受損所導致。部分葉片枯萎、掉落，殘留下來的葉片也發皺且下垂。

花苞枯萎
根部因低溫，活動變慢，無法吸收充足的水分，再加上溫度不足、無風狀態不斷持續所導致。

新葉片極為瘦小
因日照不足所導致。放置在室內的明亮場所，並使其照射陽光。

健全的植株，樹勢大不同
若能在最低溫度15°以上度冬的植株，葉片會朝45°斜上展開，且有彈性。右下的花芽也膨大健康。

35

本月的主要作業

基本 固定花莖於支柱上
進階 豎立觀賞用支柱

基本 固定花莖於支柱上

適當時期＝1月至6月

有需要誘引到支柱的植株

花莖已伸得很長，就快要結出花苞的植株。若開花，變得更大時，就容易傾倒。

將花莖鬆緩地固定在支柱上

使用誘引用的固定夾，將花莖和支柱鬆鬆地固定在一起。誘引用的固定夾可在蘭花專賣店或園藝店等購買。

可以曬衣夾等替代

可以利用曬衣夾或塑膠綁線等代替，但固定時要盡可能保留適當的寬鬆度，不要傷害到花莖。

主要作業

基本 固定花莖於支柱上

固定花莖，防止盆栽傾倒

　　入冬後，如果能讓最低溫度都維持在15°以上，花莖會慢慢伸長，2至3月時開始開花。若放任花莖自由生長，因花莖本身的性質，而會朝著明亮方向斜向伸長。當花苞膨大、開花時，整體的重心偏移，盆栽就容易傾倒。為了不讓花莖因而折損，豎立支柱會較為安心。

　　花莖開始伸長的時期，可以利用固定夾將花莖暫時固定在支柱上。固定時的要訣在於，固定花莖的基部到中央部分，而仍會繼續延伸的前端則要保持寬鬆。

基本 豎立觀賞用支架

塑造出美麗的姿態

　　若要利用支柱塑形出觀賞用的姿態，請參照P.40。

36　基本 基本作業　進階 適合中・高級栽培者的作業

要度冬，澆水是關鍵

低溫時要注意勿過於潮濕

如果能讓植株順利度冬，蝴蝶蘭可以活上10至20年。成功的度冬要訣就在於，低溫時要注意勿過於潮濕。也就是說，盡可能讓最低溫度偏高，並減少水分的施給。

最低溫度如果能在15°以上，蝴蝶蘭會緩慢地持續生長，葉片會繼續進行一定程度的水分蒸散，因此根部也會一點一點地吸取水分。但是，如果最低溫度低於15°，生長就會停滯，根部幾乎不再吸水。而若在此時澆水，栽培介質不易變乾，根部一直處於潮濕的環境中，結果造成細菌繁衍，最後導致根部受損、腐爛。

「冬季減少澆水」的意思

此處所說的「冬季減少澆水」，並非指的是減少每一次的澆水量。而是說要拉長澆水的間隔天數。

從1月至5月為止，很重要的是要確認栽培介質是否已完全變乾。並非以栽培介質的表面來判斷，而是利用竹筷插入介質內部，來判斷乾濕狀態（參照P.73）。

隨著氣溫降低，拉長澆水的間隔時間。在嚴寒的1月中旬至2月中旬期間，介質完全變乾後，過了一星期以上再澆水。

一整年中，每次的澆水量都是固定的，3吋盆約施給100毫升，3.5吋盆約150毫升。11至5月期間，施給30°至40°的溫水。

溫度還是很低時，怎麼辦？

在嚴寒的季節中，無論怎麼作，最低溫度還是會有好幾次會低於7°以下。此種情況時，從1月下旬至2月底為止完全停止澆水。替代的處理方式是，每天以30°的溫水將報紙或毛巾弄濕後，覆蓋住葉片的表裡面幾分鐘，藉此來補充水分。此作法能不傷害根部同時又能保濕。

作者在冬季期間，將蝴蝶蘭放置在工作室的窗邊栽培。因為在就寢前都開著暖氣，所以即使到了清晨，最低溫度也不太會下降，足以度過寒冬。1至2月時，一個月正常會澆水2至3次。

本月的管理

❄ 白天放窗邊，夜晚放房間中央
💧 變乾後過了幾天再澆水
🍴 不須施肥
🦠 適當的溫度・濕度，預防發生

3月的蝴蝶蘭

因為冬季期間的最低溫度，使得植株的狀況相當參差不齊。在最低溫度15°以上度過冬天的植株，正式進入開花期。只是新葉片和新根部的生長暫時還看不到。最低溫度在15°以下而生長停滯的植株，其中也有一些到了3月下旬會開始伸出花莖。在最低溫度7至10°中度冬的植株，花莖的生長依然停滯。

Phalaenopsis Lasse roll

管理

❄ **放置場所：白天放窗邊，夜晚放溫暖房間的中央**

白天時擺放在明亮室內的窗邊，讓植株照射從玻璃透射進來的陽光。光線增強，從窗外透射進來的角度也會改變，因此要調整擺放的位置。當天氣溫暖時，即使擺放在窗邊，也不容易受到外頭氣溫的影響。

夜晚依然寒冷，需將植株移動到房間中央的桌上等較為溫暖的場所，並維持最低溫度在15°以上。同時要避免會直接吹到暖風扇或電暖器等熱風的場所。

覆蓋著有通風孔洞的透明塑膠袋、或放在衣物收納箱中的植株，維持原狀繼續栽培。因日照逐漸變強，要注意內部是否悶熱。到了3月下旬，為了不讓最高溫度超過30°，將收納箱的蓋子開閉，進行調整（參照P.86）。

💧 **澆水：變乾後過了幾天再澆水**

隨著氣溫逐漸升高，栽培介質變乾的速度也慢慢增快。利用竹筷插入介質中，確認介質完全乾燥後，等過

本月的主要作業

> **基本** 固定花莖於支柱上
> **進階** 豎立觀賞用支柱

了幾天以後再澆水，並在早晨進行。施給30°至40°的溫水，3吋盆約施給100毫升，3.5吋盆約150毫升。最低溫度低於7°的嚴寒期間停止澆水的植株，到了3月上旬要開始繼續澆水。

肥料：不需要

病蟲害防治：注意因乾燥而出現的害蟲

本月依然是容易出現真菌引發的炭疽病、細菌引發的軟腐病及褐斑細菌病等疾病的時期。將發病的葉片切除並丟棄。讓最低溫度維持在偏高的狀態，提高植株的抵抗力。

在最低溫度15°以上度過冬天的植株，進入了開花期，要注意粉介殼蟲或薊馬等蟲害的發生。粉介殼蟲可以軟刷毛的牙刷或棉花棒將其刷落。薊馬則利用Malathion乳劑（有效成分：馬拉松）等來防治。

購買的開花株，有時在盆內會潛藏有蛞蝓或蛞蝓的卵，蛞蝓會吃食花苞和花朵，可撒誘殺劑，或在夜間進行捕殺。花瓣若出現灰黴病，可利用Afet水懸劑（有效成分：Penthiopyrad）或Benika X Fine 噴霧劑（有效成分：可尼丁、芬普寧、滅派林）等來防治。

主要作業　　**3**月

基本 固定花莖於支柱上

固定花莖，防止盆栽傾倒

在最低溫度15°以上度過冬季的植株，會開始逐漸開花。為了避免花莖因花朵的重量而下垂，盆栽重心不穩而傾倒，使得花莖折損，如有必要可豎立支柱。將花莖的基部到中央的部分固定，而仍會繼續延伸的前端則要保持寬鬆（參照P.36）。

進階 豎立觀賞用支架

塑造出美麗的姿態

為了觀賞用途而豎立支柱時，準備新的支柱，並將支柱從中間向下凹折，等花開後，再將花莖的前端確實固定（參照P.40）。

進階 讓花朵面朝一致的方向

讓花朵看起來更華麗

當花朵打開到一定程度的量後，調整花朵的方向，讓姿態更顯優雅美麗（參照P.45）。

1月　2月　4月　5月　6月　7月　8月　9月　10月　11月　12月

作業前需要先掌握的基本知識

豎立支柱，將花朵誘引固定，如此一來就有更漂亮的整體姿態可以欣賞。蝴蝶蘭在11月左右會冒出花芽，之後若能在最低溫度15°以上的溫暖室內度冬，即使在冬季期間，花莖仍會繼續伸長，到了2至4月時開出花朵。若是在最低溫度7°以上度冬的情況，花莖雖會一度停止伸長，但從4月開始又會繼續延伸，5月下旬至8月中旬開出花朵。在花朵正式進入開花期前，先豎立觀賞用的支柱吧！

但如果想要欣賞的是蝴蝶蘭自然的姿態，那就不一定要豎立支柱。只要盆栽不會傾倒，讓花莖的下半部固定在支柱上就已經足夠（參照P.36）。

1 暫時固定後，等待花開

因花莖仍會繼續延伸，在尚未正式開花之前，先暫時固定在支柱上即可（參照P.36）。

2 調整觀賞用支柱的長短

支柱凹摺後才使用，因此支柱的長度要比盆底至花朵的長度長20公分。

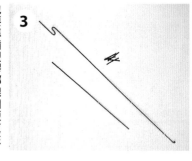

3 也要準備塑膠綁線和短支柱

將觀賞用支柱插入介質的那一端摺成Z字型。

4 從下而上固定花莖

將凹摺成的Z字型端深深插入盆中。從下而上將花莖以塑膠綁線固定。

5

將觀賞用支柱往下彎摺

為了要讓花朵能從上向下排列著綻放，順著花朵下方，將支柱向下彎摺出弧度。

8

放入觀賞用的花盆中

連同花盆放入更大的觀賞用花盆中，讓花盆有內外兩層。為了遮住內層的花盆，以水苔覆蓋。

6

將花莖寬鬆地固定在支柱上

以塑膠綁線將花莖固定在支柱上。因為花莖仍會伸長，固定時要略為寬鬆。尤其是花莖的前端。

9

豎立支柱完成

花莖伸長告一段落後，拆掉塑膠綁線，重新固定。

7

豎立加強用的支柱

將短支柱插入盆中，用來補強。利用塑膠綁線，與最先插入的支柱和花莖固定在一起。

基本 基本作業
進階 適合中・高級栽培者的作業

☀ 白天放窗邊，夜晚放房間中央
💧 變乾後過了幾天再澆水
▣ 不須施肥
⊙ 適當的溫度・濕度，預防發生

4月的蝴蝶蘭

在最低溫度15°以上度冬，且從2月開始開花的植株，本月是最盛開期，到了4月下旬，有部分植株就會結束花期。最低溫度在15°以下而生長停滯的植株，花莖會開始延伸。逐漸縮短澆水的間隔時間，為5月開始的生長期預作準備。在最低溫度7°以下受寒的植株，若沒有枯死，仍可期待其日後的生長。

台北黃金蝴蝶蘭Phalaenopsis Taipei Gold

管理

☀ **放置場所：白天放窗邊，夜晚放溫暖房間的中央**

白天時擺放在明亮室內的窗邊，讓植株照射從玻璃透射進來的陽光。但到了4月下旬，光線增強，有可能造成葉片燒焦。如果是特別晴朗的日子，拉起蕾絲窗簾，讓植株照射穿透進來的陽光。

保溫措施內的溫度可能會偏高。因此使用透明塑膠袋或衣物收納箱，進行保溫及保濕，請參考下頁中的專欄，在確實確認過最低溫度後，慢慢地使其適應室內的溫度。

在4月下旬前，仍有結霜的可能，夜間的溫度會下降，因此需將植株移動到房間中央的桌上等較為溫暖的場所，並維持最低溫度在15°以上。

💧 **澆水：變乾後過了幾天再澆水**

隨著氣溫逐漸升高，如果在澆水後，水分囤積在葉片基部，可能會導致葉片腐爛，因此澆水一定要直接澆在栽培介質上。

雖然麻煩，但在4月結束前，仍要利用竹筷插入介質內部，確認乾溼的狀態。完全乾燥後，等過了幾天再澆

水，並在早晨進行。施給30°至40°的溫水，3吋盆約施給100毫升，3.5吋盆約150毫升。

肥料：不需要

病蟲害防治：注意因乾燥而出現的害蟲

本月會出現因細菌引發的軟腐病、褐斑細菌病等疾病。尤其容易在3至4月進行移植時，細菌從傷口進入，導致發病。發病的葉片請立即切除並丟棄。

要注意粉介殼蟲、薊馬、蛞蝓等蟲害的發生。此類害蟲會出現在花苞或花朵上，或吃食花苞花朵，大大降低觀賞的價值。粉介殼蟲可利用軟刷毛的牙刷或棉花棒將其刷落。薊馬則利用Malathion乳劑（有效成分：馬拉松）等來防治。蛞蝓，可撒誘殺劑，或在夜間進行捕殺。

花瓣若出現灰黴病，可利用Afet水懸劑（有效成分：Penthiopyrad）或Benika X Fine 噴霧劑（有效成分：可尼丁、芬普寧、滅派林）等來防治。

拆除保溫&保濕用的塑膠袋

栽培時的重點是在擺放盆栽的位置旁，一定要放置最高最低溫度計，並且每天確認。若最低溫度持續保持在15°以上，就可將覆蓋在植株上的透明塑膠袋拆除。裝有植株的衣物收納箱，也要將蓋子打開。植株可直接放在箱中，使其習慣房間內的環境。

此時不要忘記確認是否有粉介殼蟲等害蟲。仔細觀察葉背或葉片基部，若發現有粉介殼蟲，以軟刷毛的牙刷將其刷落。

拆除塑膠袋和支柱。

打開衣物收納箱的蓋子。為了讓植株習慣室內的溫度，暫時先不要從箱中取出。

主要作業

基本 **固定花莖於支柱上**

固定花莖，防止盆栽傾倒

在最低溫度15°以下度過冬季的植株，到了4月，花莖會逐漸伸長。為了避免盆栽重心不穩而傾倒，使得花莖折損，如有必要可豎立支柱。依據花莖的生長狀況，將花莖的下半部（基部到中央為止）固定在支柱上，而仍會繼續延伸的前端則要保持寬鬆。

進階 **豎立觀賞用支架**

塑造出美麗的姿態

若為了觀賞用途而豎立支柱，請於花朵盛開前儘早進行（參照P.40）。

進階 **讓花朵面朝一致的方向**

讓花朵看起來更華麗

當花量多時，可試著整理花朵的方向，欣賞其姿態。利用發泡墊片，讓花序排列綻放。

基本 **固定花莖於支柱上**

在最上方的節上修剪，使其開出第二波花

到了4月下旬，有些花朵會開始結束，盡早將花莖剪短。在最接近花朵的節（最上方的節）上2至3公分處修剪，會從節點處長出新枝，也會結出第二波花。2至3個月後就有花朵可以欣賞。

基本 **移植‧增換大盆**

要間隔3年以上

最低溫度15°以上度冬的植株，等4月下旬花朵開完後，進行移植、增換大盆。栽培介質已耗損的植株，且離上次作業已隔3年以上的植株，進行移植。到6月底之前，雖然都適合作業，但若能盡早進行，植株能在生長期時更為充實飽滿（參照P.50）。

基部開始分離的葉片維持原狀

在最低溫度15°以下度冬的植株，開始伸出花莖。到了此時期，葉片基部時而會分離裂開，盡可能使其維持原狀。

（進階）讓花朵面朝一致的方向 ｜ 適當時期＝3月至6月

作業前需要先掌握的基本知識

雖然依照蝴蝶蘭的種類會有不同，但一般來說，如果前一年生長順利健康，整體葉片也達六片以上的植株，就能像市售的蝴蝶蘭般，一枝花莖也能開出相當多的花。若任其自由開花，花朵並不會朝向一致的方向。

當花朵開始打開，試著來調整花朵的方向吧！如果能讓花朵層疊並列著綻放，更能提引出花朵的華麗姿態。先豎立觀賞用的支柱（參照P.40），調整花莖的方向。作業完成後，讓花朵面朝窗邊等明亮的方向，照射日光3至7天，花型整齊後，將發泡墊片取下。

1 若任其自由開花 花朵方向並不一致

花朵是以花莖為軸，朝左右綻放，因此方向不一致，看起來稀疏。

2 準備發泡墊片&塑膠綁線

在發泡墊片上剪出能讓塑膠綁線穿過的孔洞。

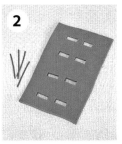

3 利用發泡墊片 調整花朵的方向

讓發泡墊片緊貼著花莖，並整理花朵，使其依序相互層疊排列。

4 固定發泡墊片

讓塑膠綁線穿過發泡墊片的孔洞，並固定在支柱上。

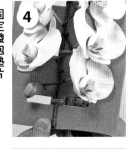

5 調整花朵層疊的狀況

讓下方的花朵能稍微層疊在上方的花朵上。若讓花朵面朝窗邊等明亮方向栽培，花朵的方向就會一致。

45

作業前需要先掌握的基本知識

前端的花朵開完後，修剪花莖。雖然也有從植株基部修剪的方法，但下述方法較易結出下一波花朵，更為推薦。

在開花位置下方的節上，約2至3公分處修剪，如果植株充實，就能長出新的花莖，2至3個月後會開出第二波花。但是，若開花結束後，花莖前端開始枯萎，則要選擇在綠色的節上2至3公分處修剪。過去修剪常將花莖留下一半等，這是因為考慮了花朵綻放時的觀賞價值。但如果能將沒有結花的節全部留下，就能像右頁般，從前端長出花朵等，能從更為自然的姿態，欣賞到花朵。

最低溫度15°以上度冬的植株，在4月下旬進行花莖的修剪，第二波花會在7至9月時開花。若最低溫度在15°以下度冬的植株，開花期會是在5至6月，盡可能提早在5月下旬修剪，如此一來，就能在8月底至10月欣賞到第二波花。

植株如果不夠充實健壯時，新的花莖不會從留下的節上長出，或不會結出花苞。但依然可能會在隔年伸出花莖，開出花朵。

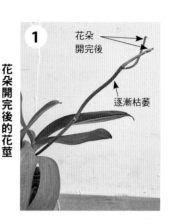

1

花朵開完後

逐漸枯萎

花朵開完後的花莖

花朵掉落，花莖前端枯萎，變成茶色。

2

到此處為止已經枯萎

節

在綠色的節上修剪

留下綠色的節，並在其上方2至3公分處修剪。綠色的節將有可能會抽出花芽（新的花莖）或葉芽（高芽）。

2

抽出新的花莖

從留下的節抽出新的花莖。如果能朝窗邊等明亮處擺放，花莖就不會蛇行扭曲，花朵也會漂亮綻放。

花莖修剪後第二年的植株

從第二波花的花莖的修剪處，長出了第三波花的花莖。最初的花莖也從第一次修剪的位置長出了第二波花的花莖。

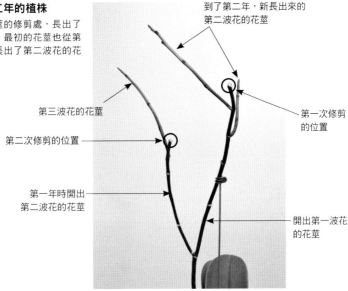

到了第二年，新長出來的第二波花的花莖

第三波花的花莖

第一次修剪的位置

第二次修剪的位置

第一年時開出第二波花的花莖

開出第一波花的花莖

Column

新的花莖上
可能會長出高芽

　　讓花莖盡可能留長，不僅會有新花莖抽出，有第二波花可以欣賞，時而還有可能會長出高芽。雖然有以高芽來分芽的方法（參照P.61），但如果能讓高芽繼續生長，會從高芽長出新的花莖，也會開出花朵。親株和高芽的花朵競賽，也是一大觀賞樂趣。

從高芽伸出的花莖

高芽

修剪後的花莖

從植株基部長出的新花莖

為不使根部受損，以噴霧器進行保濕

47

☀ 明亮室內的窗邊
🌙 變乾後過了幾天再澆水
🎲 每周一次較淡薄的液體肥料
🍂 注意花苞花朵上的病蟲害

基本 基本作業
進階 適合中‧高級栽培者的作業

5月的蝴蝶蘭

　　在最低溫度15°以上度冬的植株，到了本月幾乎都已開花結束。最低溫度在15°以下度冬的植株，已伸長的花莖上會開始開出花朵。進入了生長期，新葉、新根逐漸生長，因此管理方式將與到目前為止的方式大不同。如果有下方葉片枯萎，綠葉才兩至三片就開花的植株，盡早修剪花莖，將花當切花來欣賞，以減少植株負擔。

Phalaenopsis Sogo Viogold

管理

☀ **放置場所：沒有陽光直射，明亮室內的窗邊等**

　　擺放在有陽光從玻璃透射進來的明亮室內的窗邊。但是，特別晴朗的日子時，強烈的光線可能會造成葉片燒焦。此時可以拉起蕾絲窗簾，讓植株照射穿透進來的陽光，或將植株移動到沒有強烈陽光照射的東側或北側的窗邊。如果夜晚的溫度較低，請將植株移動到房間中央的桌上等場所。

🌙 **澆水：栽培介質表面變乾後過了幾天澆水**

　　栽培介質的表面變乾，等過了幾天後在上午澆水。水量和水溫皆與到目前為止的方式相同，施給30°至40°的溫水，3吋盆約施給100毫升，3.5吋盆約150毫升。隨著氣溫升高，囤積在葉片基部的水，可能會導致葉片損傷，因此澆水一定要直接澆在栽培介質上。

🎲 **肥料：5月中旬過後，以較淡薄的液體肥料代替澆水，每周一次**

5月中旬過後開始施肥。以稀釋倍數的兩倍所稀釋過的液體肥料（三要素等量）來取代澆水，每周施給一次。也可以緩效性化合肥料（三要素等量）的盆面置肥來取代液體肥料。

本月的主要作業

- **基本** 固定花莖於支柱上
- **進階** 豎立觀賞用支柱
- **進階** 讓花朵面朝一致的方向
- **基本** 花莖修剪
- **基本** 移植、增換大盆

病蟲害防治：注意因乾燥而出現的害蟲

　　本月會出現因細菌引發的軟腐病、褐斑細菌病等疾病。尤其容易在3至4月進行移植時，細菌從傷口進入，導致發病。發病的葉片請立即切除並丟棄。

　　要注意粉介殼蟲、薊馬、蛞蝓等蟲害的發生。此類害蟲會出現在花苞或花朵上，或吃食花苞花朵，大大降低觀賞的價值。粉介殼蟲可利用軟刷毛的牙刷或棉花棒將其刷落。薊馬則利用Malathion乳劑（有效成分：馬拉松）等來防治。蛞蝓，可撒誘殺劑，或在夜間進行捕殺。

　　花瓣若出現灰黴病，可利用Afet水懸劑（有效成分：Penthiopyrad）或Benika X Fine 噴霧劑（有效成分：可尼丁、芬普寧、滅派林）等來防治。

主要作業

基本 固定花莖於支柱上

固定花莖，防止盆栽傾倒

　　隨著花朵開始綻放，花莖因花朵的重量而下垂。為了避免盆栽傾倒而折損花莖，豎立支柱來固定花莖（參照P.36）。

進階 豎立觀賞用支架

塑造出美麗的姿態

　　為了觀賞用途豎立支柱，請參照P.40。

進階 讓花朵面朝一致的方向

讓花朵看起來更華麗

　　當花量多時，可調整花朵的方向，欣賞其華麗的姿態（參照P.45）。

基本 花莖修剪

在最上方的節上修剪，使其開出第二波花

　　花朵已經開完的植株，儘早將花莖剪短。若想要今年欣賞到第二波花，需在5月下旬前完成。步驟請參照P.46。

基本 移植、增換大盆

要間隔3年以上

於下頁之後進行詳細解說。

基本 移植 [1]　　│　適當時期＝4月至6月

作業前需要先掌握的基本知識

移植並不需要每年進行。在作業中儘管已經很小心，但還是會或多或少傷害到新根。從損傷到復原約需要一年的時間，因此若頻繁地進行移植，會降低植株的體力，開不出花朵。

離上次移植經過了3年，葉片數增多，植株也變大了，此時就可以進行「增換大盆」，不破壞根團，將植株換到大一點的花盆中。如果很會控水，能作出明顯的乾濕差，水苔就不會腐爛，甚至可使用5至7年。若是如此，即使5至7年才移植一次也不會有問題（參照P.53）。

現在若使用的是4.5吋盆，如果移植到比此尺寸更大的花盆中時，栽培介質就不容易乾，易導致根部腐爛。此時，建議將根團弄鬆，整理根部後，移植到3.5吋或4吋盆中。若栽培介質的水苔有變黑、受損的情況，不要增換大盆，而是將栽培介質去除後移植。

開花中的植株如有需要，可在進入5月後，進行移植。若能盡早進行，在生長期時，葉片就能確實延展變大，植株也能更為充實，明年也會有花朵可以欣賞。

使用3.5吋大小的花盆

現在的花盆如果是3.5吋，則使用相同大小的3.5吋盆（左）。若欲進行增換大盆，則使用大一點的4吋盆（右）。

將盆底孔弄寬

利用銼刀等將盆底孔弄寬。如此能使空氣的流通變好，栽培介質不易腐爛，讓根部能健全生長。

將根團去除約一半左右

將根團從舊盆中取出後，利用事先已用火消毒過的剪刀，剪除約一半左右的根團。

④ 不要傷害到新根的前端

整理根團到圖片中的程度，作業中要注意不要傷害到新根的前端。新的根呈放射狀向外展開。

⑦ 連同水苔將根壓入花盆中

水苔不要蓬鬆超出盆緣，盆緣（花盆邊緣較厚的部分）要留下盛水空間。

⑤ 將水苔從下往上按壓

先將水苔充分泡水後擠乾，將水苔抓成乒乓球的大小後，從展開的根部下方往上按壓。

⑧ 花盆不會輕易鬆脫的緊實度

水苔不要硬壓到盆底，而是使其緊密地固定在花盆的側邊。抓起植株搖晃也不會鬆脫才OK。

⑥ 從根部上方包捲水苔

從根部的上方，將水苔縱向貼上，包捲成圓柱形。大小要比花盆的直徑要更大一點。

作業後的兩周需噴灑葉水

因為根部可能有受傷，因此移植後的兩周內，不要澆水，改以噴灑葉水來保持葉片濕潤。注意勿讓葉片中央積水。

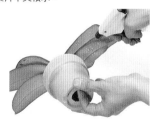

51

蝴蝶蘭是附生蘭，著根於樹幹或樹枝上生長，也因此如果種植在一般花壇或盆栽用的園藝培養土中，就會因為過於潮濕，而使根部腐爛。所以，一般都是以水苔來栽培，也可利用市售的蕙蘭（Cymbidium）用培養土或椰殼屑等排水性好的栽培介質。

使用蕙蘭用培養土來移植

1

準備蕙蘭用的培養土
市面上也稱洋蘭用培養土。大多是混合了輕石和樹皮碎片等介質而成，排水性佳。

2

弄鬆根團後移植
與P.50至51相同，根團弄鬆後，去除水苔。將根部展開後置入花盆，並加入培養土。以竹筷前端輕輕搖動，使根部和培養土密合。

使用椰殼屑來移植

1

準備椰殼屑
市面上有販售將椰子殼切碎後的椰殼屑。排水性佳，也適合蝴蝶蘭使用。

2

使其與根部確實密合
將椰殼屑塞進根部與根部之間，固定並讓植株不會搖動。小心不要折斷根部，或使其受傷。

基本 增換大盆 | 適當時期＝4月至6月

離上次的移植、增換大盆已經超過3年的植株，即可進行。將已經成長變大的植株從花盆中拔出，如果栽培介質依然完好，就不須弄鬆根團，直接換進大一點的花盆中，進行「增換大盆」。但如果介質有受損，則將根團弄鬆後進行移植（參照P.50）。

一般來說，蝴蝶蘭多選用3.5至4.5吋大小的花盆在種植。若使用5吋以上，栽培介質不容易變乾，易導致根部腐爛。如果現在使用的是3.5吋，則增換成4吋，若是4吋則換成4.5吋。如果已是4.5吋，則將根團弄鬆後，整理根部，並移植到3.5吋盆中。

讓長水苔從內垂向外
事前先弄寬盆底的孔穴（參照P.50）。將已經泡水弄濕後的長水苔，從盆內沿著盆緣垂向外側。水苔若是縱向排列，排水性會更好。

剪除多餘的水苔
以剪刀將超出盆緣的水苔剪除後，將前端修整乾淨。

不須弄鬆根團
因為根部和栽培介質都完好無傷，不須弄鬆根團，可直接植入。將根團確實壓入盆內固定。

增換大盆完成
按壓盆面，作輕微調整。讓盆緣（花盆邊緣較厚的部分）留下盛水空間。因為沒有傷害到根部，可照日常的方式管理。

本月的管理

❄ 明亮室內的窗邊
💧 變乾後馬上澆水
🔲 每周一次較淡薄的液體肥料
🐛 注意花苞花朵上的病蟲害

6月的蝴蝶蘭

進入了生長期，新葉逐漸變大，新根也越來越延伸。在最低溫度15°以上冬的植株，第二波花的花苞膨大。最低溫度在15°以下度冬的植株，大多正是開花期，但也有一些才正準備打開。為了要讓植株在初夏到深秋的成長期間，能增加大葉片1.5片以上，要確實作好日常的管理工作。適合移植的時期到本月底為止。

Phalaenopsis Mirage

管理

❄ **放置場所：沒有陽光直射，明亮室內的窗邊等**

梅雨季期間的大太陽，可能會造成葉片燒焦，因此要擺放在沒有陽光直射，明亮室內的窗邊。若本來就放在沒有強烈陽光直射的東側或北側的窗邊，則不須更換位置。而南側或西側的窗邊，一定要拉起蕾絲窗簾，讓植株照射隔著窗簾穿透進來的陽光。

陽光

沒有陽光直射，因反射光線而明亮的場所

可善用衣物的陰影或遮光網

本月的主要作業

- 基本 固定花莖於支柱上
- 進階 豎立觀賞用支柱
- 進階 讓花朵面朝一致的方向
- 基本 花莖修剪
- 基本 移植‧增換大盆

1 月

2 月

3 月

4 月

5 月

6 月

7 月

8 月

9 月

10 月

11 月

12 月

澆水：栽培介質表面變乾後馬上澆水

　　栽培介質的表面變乾後，要馬上澆水。先儲水置放在植株附近，讓水的溫度與室溫相近。水量與到目前為止的方式相同，3吋盆約施給100毫升，3.5吋盆約150毫升。澆水時直接澆在介質上，勿讓水囤積在葉片基部。

肥料：使用較淡薄的液體肥料，每周一次

　　以稀釋倍數的兩倍所稀釋過的液體肥料（三要素等量）來取代澆水，每周一次。也可利用緩效性化合肥料（三要素等量）的盆面置肥來代替。

病蟲害防治：注意濺到花朵的水

　　不是只有看葉片表面，也要觀察葉背，若發現粉介殼蟲，可以軟刷毛的牙刷或棉花棒將其刷落。若出現蛞蝓，澆過水後可在盆內撒誘殺劑。

　　進入梅雨季後，容易發生因細菌所引發的軟腐病、褐斑細菌病。當葉片基部積水時就容易發病，因此如果是放在陽台等時，要注意勿讓植株淋到雨。一旦發病，立即將出現病症的葉片切除並丟棄。

主要作業

基本 固定花莖於支柱上

固定花莖，防止盆栽傾倒

　　花莖因花朵的重量而下垂。為了避免盆栽傾倒而折損花莖，豎立支柱來固定花莖（參照P.36）。

進階 豎立觀賞用支架

塑造出美麗的姿態

　　為了觀賞用途豎立支柱，請參照P.40。

進階 讓花朵面朝一致的方向

讓花朵看起來更華麗

　　當花量多時，可調整花朵的方向，欣賞其華麗的姿態（參照P.45）。

基本 花莖修剪

在最上方的節上修剪

　　花期已經結束的植株，儘早將花莖剪短（參照P.46）。

基本 移植、增換大盆

要間隔3年以上

　　到6月下旬為止為作業的最適時期。如有需要進行移植或增換大盆，盡早進行，讓植株能更為充實（參照P.50至53）。

作業前需要先掌握的基本知識

蝴蝶蘭在原產地時，是著根在樹幹或樹枝上生長。若能利用軟木板或蛇木板，就能讓蝴蝶蘭以最接近自然的狀態來伸根，生長也會變好。栽培介質不易損傷，即使10年以上不移植，也不會影響生育。且能吊掛在牆面或垂吊著栽培與欣賞。

Column

附生在空的素燒盆

即使沒有栽培介質，只要讓根直接附生在素燒盆上，也能生長。冬季時不易過分潮濕，能減少根部受損。

❶ 去除栽培介質
將植株上的所有栽培介質都去除，置入空的素燒盆中。

❷ 以鐵絲固定
以鐵絲將植株和素燒盆固定。若根部延伸附著在盆上後，將鐵絲拆除。

作業時必備的資材

蝴蝶蘭的植株
軟木板
水苔
釣魚線
剪刀……等

1 弄鬆根團並整理根部
先將剪刀以火燒過消毒。以剪刀剪除一半的根團，並去除栽培介質。如有受損變黑的根部，一併剪除。

2 將植株放置在水苔上
將事前已先弄濕的水苔放置在軟木板上，再將植株擺放在水苔上。

3 以水苔覆蓋根部上方
將水苔包捲覆蓋在根部上方。調整正面，讓葉片的傾斜角度呈4點鐘和8點鐘的方向。

以釣魚線固定植株

4

為了將水苔和植株固定在軟木板上，利用釣魚線等來纏捲固定。

吊掛在壁面等處管理

5

在軟木板的上方加上掛勾後，就能吊掛在牆壁上。如不需要吊掛，保持原狀即可。

經過8個月後的植株

6

根部已超出了水苔之外，附生在軟木板上，已經不需要釣魚線固定，可以將其剪除。

附生軟木板上的植株管理

澆水時，連同軟木板一起泡進水桶中約5分鐘，讓根部和軟木板充分吸水。11月至5月期間，使用30至40°的溫水。

在水桶的水中加入液體肥料稀釋，澆水的同時進行施肥。

Column

連同花盆一起吊掛的作法

夏季等容易悶熱的季節，即使只是將盆栽吊掛起來，就能幫助植株的生育。花盆的周圍綁上鐵絲後，即可吊掛。若是吊掛在室外的陽台，要在沒有陽光直射的陰涼處。

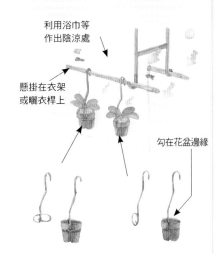

利用浴巾等作出陰涼處

懸掛在衣架或曬衣桿上

勾在花盆邊緣

將鐵絲繞在盆緣下方一圈，作出環狀。

將鐵絲的前端凹摺成像迴紋針般的形狀。

切成一半的花盆與軟木板的組合，也能吊掛。

善用附生蘭的性質，來思考看看如何以懸吊的方式來玩賞蝴蝶蘭。以下所介紹的以椰纖片作出的手提包風吊盆，只要10分鐘就能簡單完成。不需破壞根團，不會傷害到根部，因此一整年都可以進行。

吊掛在自己喜愛之處，開著花朵的可愛綠色裝飾完成了！

必備資材

開花中的迷你蝴蝶蘭·工藝用鐵絲網（龜甲網）·椰纖片·鐵絲·提把的鍊條·鐵絲剪·工藝用剪刀·尖嘴鉗。

1 決定吊盆的大小

先拿盆栽來比對，決定網子剪裁的大小。網子的大小必須足以讓包覆了椰纖片的根團也能輕鬆置入。

2 裁剪網子

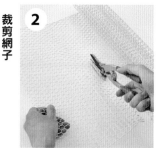

以鐵絲剪裁剪網子。作業時小心不要被切口弄傷。

3 將網子對摺作出底部

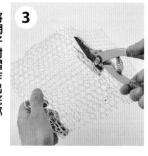

對摺的部分為吊盆的底部，裁剪時要注意。

將椰纖片剪小一點

將椰纖片平鋪在鐵絲網上，以剪刀將椰纖片剪成與鐵絲網同大。

4

將鐵絲網對摺

猶如將椰纖片夾住般，將鐵絲網對摺，並讓兩端對齊。

5

固定側面

先讓鐵絲網兩端重疊，以尖嘴鉗將其向內凹摺，另一側亦同，作出袋子形狀。

6

將突出的鐵絲剪斷

將向外突出、多餘的鐵絲剪斷。為了安全可將鐵絲前端向內側凹摺。

7

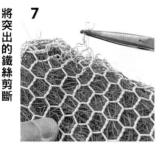

固定提把的鏈條

將用來當提把的鏈條勾在側面的上方並固定。

4

裝上裝飾配件

將喜歡的配件裝飾上去，讓吊盆更具手提包風。

5

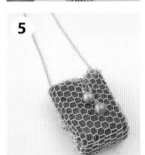

將整個根團植入

將蝴蝶蘭從花盆中取出後，不須弄鬆根團，直接將其壓進椰纖片中。

10

在資材上下功夫，例如有顏色的鐵絲網、染過色的乾燥水苔等，或裝飾上喜歡的串珠或小飾品，就能作出更具獨特風情的吊盆。

59

另類玩賞法：苔球 適當時期＝5至7月

　　蝴蝶蘭常常利用水苔種植。那就試著在水苔上包上青苔，作成苔球吧！買了正在開花的迷你蝴蝶蘭後，將它作成苔球，花朵仍可繼續開花一至兩個月，能變成相當有異國風情的綠化裝飾。

必備資材

開花中的迷你蝴蝶蘭
青苔（大灰蘚等）
已泡過水的水苔
線（黑或綠色的棉線、或透明的釣魚線等，有一種即可）
器皿。

作成苔球的蝴蝶蘭。

①

拔出根團，稍微弄鬆

將水苔稍微弄鬆，添加少許新的水苔後，將根團作成球型。注意不要傷害到根部。

②

包覆上青苔

青苔展開成片狀，將整個根團包覆起來。

3 以線纏繞

以線從青苔的上方，朝各個方向開始纏繞。線要穿過植株基部附近，讓青苔不易與根團分離。

4 作成球狀

一邊以線纏捲10至20圈，一邊將苔球塑形成漂亮的球形，之後將線剪斷，線頭藏進青苔中。

將苔球的部分泡水

以手提起，若感覺變輕了，即可澆水。將苔球的部分浸泡至水桶中。

Column

高芽繁殖法（適當時期＝5至6月）

將高芽移植，增加株數

修剪完花莖後，在夏天到秋天的期間，有時候從節上長出來的並非第二波花的花莖，而是有著葉和根的「高芽」。維持原狀繼續栽培也沒有關係，但如果想增加株數，可以等高芽長出葉片兩至三片，根部長到三至五根後，就從花莖上剪下。包覆上水苔後，移植到別的花盆中，當作小苗來栽培。

❶長有高芽的植株
花莖上有兩處長出了高芽。兩者都已經可以移植。

❸將根部修剪整齊
以剪刀將長根都剪短到約5公分，如此較容易移植。

❷將高芽切離
先將剪刀以打火機的火等消毒。以剪刀將高芽從花莖上切離。

❹移植到花盆中
以事前先泡過水的水苔包捲住根部，移植到2.5吋盆中。

7月

本月的管理

❄ 明亮室內的窗邊

💧 變乾後馬上澆水

🌸 每周一次較淡薄的液體肥料

🐛 注意葉片燒焦引發的炭疽病

7月的蝴蝶蘭

正式進入了生長期。還有部分植株在春天開的花依然繼續開著。在最低溫度15°以上度冬的植株，其中有些已經開出了第二波的花朵。新的葉片開始伸展，因此要注意澆水、施肥等的日常管理，目標要培育出和去年相同，甚至比去年更充實的葉片。梅雨季一結束時，要特別留意不要讓葉片因強光而燒焦。

Doritaenopsis Purple Gem

管理

❄ **放置場所：沒有陽光直射，明亮室內的窗邊等**

梅雨季會繼續持續到7月中旬。為了避免梅雨季期間的大太陽造成葉片燒焦，因此要擺放在沒有陽光直射，明亮室內的窗邊。若是擺放在南側或西側的窗邊，要拉起蕾絲窗簾遮光，讓植株照射透射進來的陽光。

讓通風變好不悶熱，也是很重要的。陽台等室外，通風好，植株能健全生長。但要選擇在不會淋到雨、沒有陽光直射，且有反射光線的明亮無日照處。梅雨季一結束，需要更加注意不要讓葉片燒焦。

拉起了遮光網的鳥籠是絕佳的遮陽處。

澆水：栽培介質的表面變乾後馬上澆水

梅雨季時，若濕度高，栽培介質不易變乾。介質的表面一旦變乾，要馬上澆水。將水放置在植株附近，待水溫與室溫相近後再施給，3吋盆約施給100毫升，3.5吋盆約150毫升。澆水時直接澆在介質上，不要讓水囤積在葉片基部。

肥料：選用較淡薄的液體肥料，每周一次

液體肥料（三要素等量）的施給，僅到7月上旬為止。以稀釋倍數的2倍稀釋過後，每周施給一次，取代澆水。若使用的是緩效性化合肥料（三要素等量），將6月時放的肥料清除後，再放置新的肥料。

病蟲害防治：注意炭疽病

葉片一旦燒焦，會從焦處出現炭疽病。選擇通風良好的場所等，試著改善擺放位置的環境。出現軟腐病、褐斑細菌病的葉片，要立即切除並丟棄處分。預防的要訣在於不要淋到雨水。觀察葉片表裡面，若發現粉介殼蟲，以軟刷毛的牙刷或棉花棒將其刷落。若出現蛞蝓，可在澆過水後，在盆內撒誘殺劑。

主要作業

進階 **豎立觀賞用支架**

塑造出美麗的姿態

為了觀賞用途而豎立支柱時，請參照P.40。

基本 **花莖修剪**

在最上方的節上修剪

花期已經結束的植株，儘早將花莖剪短。到了隔年，有機會開出第二波花（參照P.46）。

不要讓水囤積在新葉的中央

棉花棒

水滴

以棉花棒或面紙，將積在中央部位的水滴吸除乾淨。

基本 基本作業

進階 適合中‧高級栽培者的作業

本月的管理

- ❄ 明亮室內的窗邊
- 💧 變乾後馬上澆水
- 🔅 不須施肥
- 🦠 注意葉片燒焦引發的炭疽病

8月的蝴蝶蘭

高溫炎熱的日子依然持續，但對蝴蝶蘭來說，因為接近原產地的溫度，所以成長快，葉片變大，根部也不斷延伸。在6月時開的花，有些到了本月依然繼續開著。在5月時進行花莖修剪的植株，如果速度快，已經開始開出第二波的花。本月容易出現葉片燒焦，或因夜晚的高溫而使植株衰弱，要仔細觀察植株的狀態。

Doritaenopsis Sweet Wine

管理

❄ **放置場所：沒有陽光直射，明亮室內的窗邊等**

擺放在沒有陽光直射，明亮室內的窗邊。如果陽光會從窗戶進來，需進行遮光，讓植株照射隔著蕾絲窗簾程度的光線。

如果擺放在陽台等的室外，要選擇沒有陽光直射，且因有反射光線所以明亮的無日照處。勿直接擺放在地面，而要放置在高棚架上，或垂吊。如果淋到了雨，須將囤積在葉片中央部位的水清除（參照P.63）。

蝴蝶蘭在風速約每秒一公尺的微風吹拂的環境中，生長會更為順利。夜晚的室內，也要利用電風扇等讓空氣流動。

💧 **澆水：栽培介質的表面變乾後馬上澆水**

栽培介質的表面一旦變乾後，馬上澆水。若在大白天澆水，會使盆內溫度上升，可能造成根部受損，因此選在早晨進行。待水溫與植株附近的室溫相近後再施給，3吋盆約施給100毫升，3.5吋盆約150毫升。要特別注意不要讓水囤積在葉片基部。

本月的主要作業

基本 第二波花的花莖修剪

如陽台等，若壁面或地面的水泥建材溫度增高，可於傍晚時，在植株周圍灑水，不僅可降溫，也可維持濕度。

肥料：不需要

病蟲害防治：注意炭疽病

葉片若燒焦，會從焦處出現炭疽病。葉片燒焦並非只是因為曬到了直射的陽光，也會因通風不良而引起，所以要小心留意。若出現因細菌所引發的軟腐病、褐斑細菌病，須將發病的葉片切除並丟棄。粉介殼蟲或蛞蝓，比照7月進行防治工作（參照P.63）。

主要作業

基本 第二波花的花莖修剪

在最上方的節上修剪

第二波花若結束，進行花莖修剪。要領與第一波花的花莖修剪相同（參照P.46）。隔年，可能會從節上長出新的花莖，開出第三波花。

Column

雙層花盆，可防止傾倒

隨著葉片增大，花盆容易傾倒。但若是在秋天進行移植，可能會看不到明年的花，所以進行增換大盆（參照P.53），或將原花盆直接放入更大的花盆中，作成雙層花盆。

如何防止一時的傾倒

若花盆常常傾倒，可暫且先將花盆置入更大的花盆中。

為了度冬的雙層花盆

放入保麗龍碎片。冬季時能帶來保溫的效果。

保麗龍碎片

大花盆

將原花盆放入能容納所有葉片的大花盆中，以防止傾倒。

基本 基本作業

進階 適合中‧高級栽培者的作業

9月的蝴蝶蘭

　　本月持續是生長期。新葉更加延展變大。生長速度快的植株，已經長出了第二片的新葉片，植株也變大了。充實的植株，如果在此時期遇到18°的最低溫度，會進行花芽分化。非常重要的時期，因此要特別留意通風，並且小心勿讓悶熱而使生長減弱。

Phalaenopsis Ever Spring King 'Black Rose'

管理

☀ **放置場所：沒有陽光直射，明亮室內的窗邊等**

　　擺放在沒有陽光直射，明亮室內的窗邊。因太陽的角度改變，陽光能從窗戶照到室內深處，要特別留意。如果會照射到直射的陽光，可利用蕾絲窗簾或遮光網等進行遮光。炎熱的氣溫依然持續，因此晚間也要利用電風扇等，讓空氣保持流動，讓植株不會悶熱。

　　到9月為止能在陽台等室外栽培。要選擇不會淋到雨，沒有陽光直射，有反射光線的明亮無日照處。植株勿直接擺放在地面，而要置在高棚架上，或垂吊著栽培。如果淋到了雨，須將葉片中央的水清除（參照P.63）。

　　下旬過後，最低溫度有時會降到18°以下，因此將植株移動至室內，並擺放在明亮的窗邊。

🌢 **澆水：栽培介質表面變乾後馬上澆水**

　　栽培介質的表面變乾後，馬上澆水。先儲水置放，待水溫與室溫相近後再施給，3吋盆約施給100毫升，3.5吋盆約150毫升。要特別注意勿澆水在葉片的基部。

基本 第二波花的花莖修剪

與8月時相同，室外的陽台等，若壁面或地面的水泥建材溫度增高，可於傍晚時，在植株周圍灑水，不僅降溫同時維持濕度。

肥料：不須施肥

病蟲害防治：注意會引起炭疽病的葉片燒焦

當通風不良時，葉片就容易燒焦，並從焦處出現炭疽病。在夏季時變衰弱的植株，容易在此時期發病，因而要特別留意。若出現因細菌所引發的軟腐病、褐斑細菌病，須立即將發病的葉片切除並丟棄。附著在葉片表裡面的粉介殼蟲，以軟刷毛的牙刷或棉花棒將其刷落，若放任不管，易引發煤病。若出現蛞蝓，可在澆過水後，在盆內撒誘殺劑，進行防治。

主要作業

基本 **第二波花的花莖修剪**

花朵下最上方的節上修剪

第二波花若結束，進行花莖修剪。要領與第一波花的花莖修剪相同（參照P.46）。

受損葉片的處理法

發病初期

❶切除枯萎的部分
葉片的前端如果因疾病而枯萎，利用以火將刀刃消毒過的剪刀，將發病的部分完全剪除。

❷塗抹瞬間接著劑
因為疾病可能從切口處感染，所以塗上瞬間接著劑，將切口封住。

❸若出現葉片燒焦的情況
將葉片變色的部分展開，並以❶的要領將其剪除。切口處塗抹瞬間接著劑。

67

☀ 明亮室內的窗邊
變乾後馬上澆水
❄ 不須施肥
🦠 注意因低溫引起的疾病

基本 基本作業
進階 適合中·高級栽培者的作業

10月的蝴蝶蘭

夜晚的最低溫度降至18°以下，生長開始變緩慢。如果從初夏栽培的新葉變大1.5片且變充實，代表生長期時的栽培合格了。蝴蝶蘭在9月時，約20至40天會進行花芽分化，之後從植株基部伸出花芽。盡可能放置在明亮場所中栽培，並努力確保溫度，以促進花芽的生長。

Doritaenopsis Minho Princess 'SJ'

管理

☀ **放置場所：沒有陽光直射，明亮室內的窗邊等**

擺放在沒有陽光直射，明亮室內的窗邊。南側或西側的窗邊，會照射到直射的陽光時，可利用蕾絲窗簾或遮光網等進行遮光。9月為止在室外栽培的植株，要移動至室內。

建議在植株旁，擺放最高最低溫度計。最低溫度若低於15°，生長就會停滯。夜晚時將植株移動到房間的中央等，盡可能保持溫暖。獨棟住宅等溫度容易下降的情況，請盡早開始進行度冬的準備（參照P.70）。

🌊 **澆水：栽培介質表面變乾後馬上澆水**

隨著溫度下降，生長變遲緩，栽培介質變乾的速度也隨之變慢。介質的表面變乾後，馬上在上午時進行澆水。先儲水置放，待水溫與室溫相近後再施給，3吋盆約施給100毫升，3.5吋盆約150毫升，若餘水從盆底流出，積在接水盆中時，要將其清除乾淨。從本月開始到明年春天，過於潮濕會導致根部受損。若有水分囤積在葉片基部，要清除乾淨（參照P.63）。

本月的主要作業

基本 第二波花的花莖修剪
基本 度冬的準備

肥料：**不須施肥**

病蟲害防治：**注意因低溫引起的疾病**

　　最低溫度下降後，蟲害的發生會減少。而因真菌引發的炭疽病，因細菌引發的軟腐病、褐斑細菌病等，低溫時容易發生。澆水的時候，經常觀察葉片，一旦發現病症，馬上將發病的葉片切除並丟棄。

主要作業

基本 第二波花的花莖修剪

花朵下最上方的節上修剪

　　第二波花若結束，進行花莖修剪。要領與第一波花的花莖修剪相同（參照P.46）。

基本 度冬的準備

塑造出美麗的姿態

　　獨棟住宅等，房間溫度容易下降，難以讓最低溫度保持15°時，盡早開始進行度冬的對策準備。先準備開了空氣孔的透明塑膠袋，連同花盆覆蓋住植株整體，不僅保溫也能保濕。除此方式之外，還有將植株在冬季期間放入衣物收納箱中防寒的作法。

將水裝進寶特瓶中，放置在植株附近，讓水溫與室溫相近。

Column

夏季澆水＆冬季澆水

　　澆水時，不可以直接使用從水龍頭或井裡取出的水。6月至10月期間，要先儲水放置在植株附近，待水溫與室溫相近後，才以該水來施給。11月至5月期間，栽培介質的內部完全變乾後，施給30°至40°的溫水。如此不僅對根部較溫和，也能給予良性的刺激，使根部不易受傷。

❶11月至5月期間，在澆水壺中裝進30°至40°的溫水。

❷直接澆在栽培介質上。一時會上升到20至30°，根部也會變溫暖。

基本 度冬的準備（覆蓋塑膠袋）

最低溫度低於15°以下時，生長會停滯，因此要幫植株進行保溫。在此介紹的是以塑膠袋就能作的簡單保溫法。冬季時，開著暖氣的室內會偏乾燥，有塑膠袋的保護，除了保溫之外，也能達到保濕的效果。

必備的資材

栽培的植株‧大2至3吋的淺花盆
鐵線衣架‧透明塑膠袋
保麗龍碎片‧塑膠綁線‧尖嘴鉗
工藝用剪刀

1 將花盆重疊三層

以保麗龍碎片將栽種著蝴蝶蘭的花盆固定。將衣架彎曲，以2支作出支柱，插進最外側的花盆與第二層花盆的中間。

2 鑿出空氣孔

以塑膠綁線將塑膠袋固定在花盆的側面。在塑膠袋的上方鑿出幾個空氣孔。並在植株基部附近開出澆水用的孔洞。

3 套上塑膠袋就完成了

塑膠袋不要覆蓋住盆底。以此狀態進行管理，到3月為止。

深秋至春天時的擺放位置

最低溫度如果低於15°，可連同花盆一起覆蓋上開了空氣孔的塑膠袋。

夜晚時拉起厚窗簾，防止冷風進入。

放置在明亮室內的窗邊。在10月底前，為了不讓陽光直射，以蕾絲窗簾等遮光。11月至5月中旬，讓植株接受陽光直射。

簡單就能完成的保溫塑膠袋

也可以利用市售的迷你溫室組。

在雜誌架的支架上套上塑膠袋來進行保溫。因拆裝容易，若是只有晚間需要保溫時，此方法相當便利。大型植株也適用。

Column

讓蝴蝶蘭在希望的時期開花

為什麼開花期會有差異呢？

蝴蝶蘭結花芽的必須條件是，20至40天，最低溫度為18°。若在室內栽培，最低溫度為18°的時期為5月中旬和9月。如果是充實的植株，在9月秋天時，會進行花芽分化。

公寓等氣密性高的房間中，若能讓最低溫度保持18°，生長就會持續，11月時冒出的花芽會抽長成花莖，隔年1月時開花。若最低溫度在15°以上，花莖的生長會稍微遲緩，但仍會在2至3月時開花。而最低溫度若低於15°，在氣溫自然變溫暖的4月前，花莖的生長停止，到了5月之後才會開花。

要如何進行開花調整呢？

蝴蝶蘭的花朵能持續盛開兩至三個月。如果能善加控制秋天至春天期間的最低溫度，就有可能在2月至7月期間，讓花朵持續開花，以供欣賞。

如果要讓蝴蝶蘭在其他時期開花，必須加溫讓最低溫度維持27°，使植株持續生長，不讓植株進行花芽分化。而在想讓它開花的4個半月前，使最低溫度維持18°，促使花芽分化。要讓室內維持最低27°的溫度，並不容易，但如果有溫箱等保溫設備就很簡單（參照P.76）。冬季洋蘭展中展示的蝴蝶蘭，就是以此溫度管理在溫室中使其開花而來。

本月的管理

- ☀ 白天放窗邊，夜晚放房間中央
- 🌙 變乾後過了幾天再澆水
- ⬜ 不須施肥
- 🔲 注意因低溫引起的疾病

基本 基本作業
進階 適合中・高級栽培者的作業

11月的蝴蝶蘭

　　從本月開始完全改為冬季的管理方式。最低溫度下降後，植株生長變緩慢，但其中仍有會從基部冒出小花芽的植株。最低溫度若維持18°以上時，花芽會持續生長，但若是15°以上，生長就會變緩，而15°以下，生長就會停滯。如果是7°以下，植株就有可能受損。因此要盡可能保持溫暖，尤其要特別注意夜晚時的放置場所。

滿天紅 Doritaenopsis Queen Beer'Red Sky'

管理

☀ **放置場所：白天放明亮窗邊，夜晚放在溫暖的房間中央**

　　擺放在明亮室內的窗邊。北側的窗邊也沒關係，但盡可能是在東側或南側，並且讓植株照射隔著玻璃透射進來的陽光。

　　夜晚將植株移動到房間中央的桌上等，較不易受外頭冷空氣影響，且較溫暖的場所。暖風扇或電暖器的使用增多，絕對不要將植株放在會直接吹到熱風的位置。並且也要注意乾燥。

　　獨棟住宅等，會開始出現最低溫度低於10°的情況。建議在晚間，將植株整體覆蓋上開有空氣孔的塑膠袋。如果最低溫度可能低於7°時，則將整棵植株放入衣物收納箱中度冬。

🌙 **澆水：變乾後過了幾天再澆水**

　　栽培介質變乾的速度更慢了。冬季時嚴禁澆水過多。利用竹筷插入栽培介質的內部，若竹筷的前端沒有變濕，確認介質完全乾燥後，等過了幾天之後再澆水，並在早晨進行。

　　從本月開始，並非使用儲水放置後的水，改成使用30°至40°的溫水，3吋盆約施給100毫升，3.5吋盆約150毫升。

（基本）度冬的準備

⚅ 肥料：不須施肥

⚅ 病蟲害防治：注意因低溫引起的疾病

　　儘管溫度下降，卻仍然施給很多的水，如此一來，栽培介質就經常是潮濕的狀態，造成根部因細菌和真菌繁殖而腐爛。葉片和植株基部也會出現因真菌引發的炭疽病，因細菌引發的軟腐病、褐斑細菌病等。一旦發現病症，立即將發病的葉片切除並丟棄。

主要作業

（基本）度冬的準備

　　如果最低溫度無法保持在15°，盡速進行度冬措施。使用塑膠袋的保溫法，請參照P.70，而使用衣物收納箱的保溫法，請參照P.86。

Column

確認栽培介質的乾濕狀態

　　冬天時，利用竹筷插入栽培介質中，確認介質的內部是否已經完全變乾。

防止冬季乾燥
以電暖器等加溫時，室內的空氣會非常乾燥，此時在葉背噴灑葉水保濕。

❶ **插入竹筷**
將竹筷插入介質內部。雖然此舉動有時會傷害到根部，但這比起過於潮濕所造成的根部損傷會來得輕微。

❷ **確認竹筷前端的乾濕狀況**
拔出竹筷，以手指拿捏竹筷前端，若沒有感覺到潮濕，即可判斷介質已經完全變乾。

本月的管理

☀ 白天放窗邊，夜晚放房間中央
🌙 變乾後過了幾天再澆水
🔬 不須施肥
🦠 注意因低溫引起的疾病

12月的蝴蝶蘭

夜晚的氣溫越來越低。若能在溫暖的室內且讓最低溫度保持15°以上，花莖仍會一點一點地繼續延伸。最低溫度若低於15°以下，生長就會停滯，花莖也會停止伸長。到隔年2月期間，下方葉片可能會有一片出現枯萎的狀況，但如果今年有讓新葉片長出1.5片，那就不會有問題。最低溫度若低於7°，植株有可能會落葉甚至枯萎，因此要小心留意。

Phalaenopsis Emotional Moon

管理

☀ **放置場所：白天放明亮窗邊，夜晚放在溫暖的房間中央**

擺放在明亮室內的窗邊。盡可能讓植株照射隔著玻璃透射進來的陽光。雖然到就寢前都開著暖氣，但夜間的溫度仍然會逐漸下降。夜晚時，建議將植株移動到房間中央的桌上等，較溫暖的場所。要注意不要讓植株直接吹到暖風扇或電暖器的熱風。若過於乾燥，可在葉背噴灑葉水保濕。

配合室內的環境，如有需要，可覆蓋上開有空氣孔的透明塑膠袋。溫度容易降低的獨棟住宅等，建議可將整棵植株放入衣物收納箱中度冬。

🌙 **澆水：變乾後過了幾天再澆水**

依照栽培環境的不同，乾燥狀況會有極大的差異。利用竹筷插入栽培介質的內部，以確認乾濕狀態，介質完全乾燥後，等過了幾天之後，在早晨澆水。施給30°至40°的溫水，3吋盆約施給100毫升，3.5吋盆約150毫升，直接澆在栽培介質上。積在葉片基部的水，要清除乾淨。

本月的主要作業

沒有特別需要進行的作業

🔹 肥料：**不須施肥**

🔹 病蟲害防治：**注意因低溫引起的疾病**

　　澆水過多，容易造成根部因細菌和真菌繁殖而腐爛。因為低溫，也可能會發生因真菌引發的炭疽病，因細菌引發的軟腐病、褐斑細菌病等。無論是哪一種疾病，一旦發現病症，都要立即將發病的葉片切除並丟棄。

　　乾燥、濕度偏低時，容易出現粉介殼蟲或薊馬等。粉介殼蟲可利用軟刷毛的舊牙刷或棉花棒將其刷落。薊馬則利用Malathion乳劑（有效成分：馬拉松）等來防治。噴灑葉水，除了保濕，也有預防蟲害的功效。

開始生長的花芽，若最低溫度能保持在15°以上，花芽就會繼續緩慢生長，逐漸膨大。

關於澆水的迷思

❶「減少澆水」並非水量，而是次數

當聽到「冬季時減少澆水」時，有很多人會以為是要減少每次的水量。每次的澆水量，一整年都是相同的。減少澆水，指的是調整澆水的間隔時間，例如即使變乾後，也不要馬上澆水等，減少澆水的次數。

❷依照植株個別狀況澆水

因為一棵植株變乾，所以其他的也一起澆水，這樣的作法是錯誤的。雖然麻煩，但還是需要確認每一株的栽培介質的乾濕狀態後，再依照個別的需求來進行澆水。

❸接水盆中勿囤積餘水

室內栽培時，常會在花盆的下方擺放接水盆。但如果讓澆水後流出的餘水一直積在接水盆中，栽培介質就永遠都會是潮濕的，根部也就容易腐爛。因此要將接水盆的水立即清除。

❹不澆冷水

在原產地的蝴蝶蘭，並沒有機會接觸到低於水溫20°以下的水。如果澆冷水，可能會使植株出現凍傷等低溫障礙。

12 月

75

使用保溫設備的栽培法
冬季也能保持 18°以上

最低溫度在18°以上冬季也會生長

　　本書主要是以公寓等溫暖的室內，且以最低溫度15°左右的設定在進行介紹。但其實，如果去考慮東南亞等蝴蝶蘭原產地的環境，讓蝴蝶蘭能在最低溫度18°以上度冬，會更接近蝴蝶蘭原本的生態，也可以說是更為理想的栽培環境。

　　如果最低溫度能保持18°以上，蝴蝶蘭就能一整年都順利且持續地生長。9月時進行花芽分化，11月時在植株的基部冒出花芽，花芽在12月時持續不斷延伸，到了1月就會開出花朵。除了溫度之外，如果一整年中，澆水或施肥等管理都很適當，那麼植株就會成長變大，能像市售的蝴蝶蘭一般，每年都開出非常多的花朵。

保溫設備的使用方式

　　如果有室內小型溫室（參照P.88）或溫箱等保溫設備，就能輕易作到最低溫度18°以上的度冬管理。

　　無論是哪一種，使用時都要放置在窗邊等明亮的場所。此類保溫設備雖然具有保溫、保濕的效果，但當夜晚房間的溫度下降時，保溫設備內部的溫度也會隨著時間跟著下降。因此建議盡可能要裝設安全性高的園藝用加溫器和恆溫器。箱門若關閉時，內部的空氣不易流動，會因此而悶熱，所以一定要裝設內循環扇。

溫箱
密閉式玻璃箱。鋁製的骨架上嵌入玻璃所組合而成。容易裝設加溫設備、通氣扇、內循環扇等。圖片中的溫箱，裝設有補光用的照明器具（若植物不耐暑熱，也能裝設冷氣設備）。

保溫設備中的管理
10月至2月

10至2月的蝴蝶蘭

使用室內小型溫室或溫箱等保溫設備來度冬的時期。蝴蝶蘭如果在9月時遇到18°的最低溫度約20天至40天，就會進行花芽分化。之後，若能放入保溫設備中讓最低溫度維持10°以上，葉片和根部的生長就不會停止。11月時冒出花芽，12月時花莖開始延伸。花朵於1月中旬開始綻放，2月時滿開。

管理

❄ **放置場所：保持最低溫度在18°以上，最高溫度27°**

放置在明亮窗邊的保溫設備中栽培。室內小型溫室的塑膠罩的拉鍊、溫箱的玻璃門等，管理時基本上都要關起。9月時為了要使植株結出花芽，會有約20至40天，要將最低溫度設定在18°，但若過了該時期，最低溫度即使高於18°也沒有關係。最高溫度的上限為27°。

在3月之前，要讓溫度維持到18°至27°之間。1至2月等特別嚴寒的時期，尤其要注意，隨時調整恆溫器的設定溫度，勿讓最低溫度低過於18°。

利用噴霧器等讓濕度維持在60％。為了不讓保溫設備內部悶熱，利用內循環扇等讓空氣經常保持流動。12月時花莖延伸，若在此時過於悶熱，可能會出現花苞掉落的現象，因此要特別留意。

當花朵完全打開之後，就能放在室內觀賞。但要記得在晚間時要移動回保溫設備中。

🌙 💧 **澆水‧肥料：施給液體肥料取代澆水**

最低溫度若有18°，植株就會持續生長，因此，當栽培介質的表面變乾後，以稀釋倍數的2倍所稀釋過的液體肥料（三要素等量）來取代澆水。理想的水溫為30°左右。若以事前儲水放置在保溫設備中的水來稀釋，就不用擔心因為澆了冷水而使植株受傷。3吋盆約施給100毫升，3.5吋盆約150毫升。

77

🐛 **病蟲害防治：注意花朵的灰黴病**

　　使用保溫設備時，容易出現粉介殼蟲和蛞蝓，要特別留意。也要注意出現在花朵上的灰黴病。請參照P.33進行防治。

Column

恆溫器的使用方式

　　恆溫器需要加溫用，及降低溫度＆濕度的換氣用等兩種裝置。雖然已將最低溫度設定在保持18°以上，但因為小型溫室或溫箱的大小及擺放的場所環境，會讓溫度出現不均，實際溫度和設定溫度出現差異。請務必要在保溫設備內放置最高最低溫度計，並且每天早上確認實際的最低溫度。當氣象預報預測氣溫將驟降時，可在事前先將恆溫器的設定溫度調高。

🪴 主要作業

基本 固定花莖於支柱上

固定花莖，防止盆栽傾倒

　　到了12月花莖延伸變長後，可將其固定在支柱上。具體的作業方法請參照P.36。

進階 豎立觀賞用支架

固定花朵，塑造姿態

　　若為了觀賞用途而豎立支柱，請於1至2月期間進行（參照P.40）。

基本 花莖修剪

在最上方的節上修剪，使其開出第二波花

　　開花結束後，盡早修剪花莖。如此能讓充實的植株開出第二波的花朵。

別弄濕了放置場所的四周
室內小型溫室中結了水滴，會弄濕地板和其周圍，可能還會因而發霉。因此在下方擺設大型的接水盆，以防止餘水的流出。也可利用透明的衣物收納箱。

春季的管理
3月至5月

❄ 最低溫度保持 20°以上
💧 ☷ 施給液體肥料取代澆水
🐛 注意花朵的灰黴病
基本 移植

3至5月的蝴蝶蘭

進入3月後，陽光增強，光合作用的進行變得活絡。如果提高栽培溫度，更能促進生長。已開花的花朵會漸漸凋謝，建議盡可能在最下方的花朵還未受損前，剪下來當切花來欣賞，減輕植株的負擔，讓隔年一樣有花朵盛開。

管理

❄ **放置場所・溫度管理：在最低20°以上，最高27°以下的溫度中栽培°**

和冬季時相同，在擺放於明亮窗邊的小型溫室或溫箱裡栽培。開花結束後，利用園藝用加溫器等加溫，讓溫度在最低20°以上，最高27°以下，在更接近原產地的溫度區間中栽培。如果不易辦到，那讓最低溫度維持在18°以上也無妨。3月至4月時，夜晚仍會有相當低溫的時候，要特別留意。

溫暖的日子時，白天溫度會上升，也需要留意。利用恆溫器的換氣用裝置，讓溫度不要超過30°。適度地噴水，讓濕度維持在60至70％，並為了不讓內部悶熱，善用內循環扇，使空氣保持流動。

💧 ☷ **澆水・肥料：施給液體肥料取代澆水**

當栽培介質的表面變乾後，以稀釋倍數的2倍所稀釋過的液體肥料（三要素等量）來取代澆水。先儲水置放在保溫設備中，待水溫在30°左右後再使用。水量為3吋盆約100毫升，3.5吋盆約150毫升。

🐛 **病蟲害防治：注意軟腐病、褐斑細菌病**

移植後，細菌易從傷口侵入，導致軟腐病、褐斑細菌病等疾病的發生。一旦發病，立即將出現病症的葉片切除並丟棄。

🗑 主要作業

基本 移植

要間隔3年以上

從花朵結束後的4月開始進行移植。到5月為止為作業的最適時期，請盡早進行，讓植株能更為充實。具體的作業方法請參照P.50。

夏季的管理
6月至9月

此時期的管理

❄ 在保溫設備外栽培
💧 施給液體肥料取代澆水
🐛 注意炭疽病

6至9月的蝴蝶蘭

氣溫變高，因而不需要進行保溫。新的葉片冒出，葉數增加，葉面延展變大。9月是花芽分化的時期，要特別注意溫度的管理。

管理

❄ **放置場所：在保溫設備外栽培**

從保溫設備中拿出來，放置在沒有陽光直射的明亮窗邊處栽培。讓溫度保持在最低20°以上，最高32°以下。也可以放在室外栽培，請參考P.54至P.66各個月份中放置場所的說明。9月時，讓最低溫度18°維持約20至40天，促進花芽分化。

💧 **澆水·肥料：施給液體肥料取代澆水**

當栽培介質的表面變乾後，以稀釋倍數的2倍所稀釋過的液體肥料（三要素等量）來取代澆水。使用水溫30°的水，3吋盆約施給100毫升，3.5吋盆約150毫升。可同時利用固體肥料，來增加花量。9月上旬時，在盆面放置磷肥多的緩效性化合肥料。

🐛 **病蟲害防治：注意炭疽病**

葉片燒焦容易引發炭疽病。請參照P.67。

主要作業

沒有特別需要進行的作業。

使用保溫設備時的12個月的作業·管理年曆

	1	2	3	4	5	6	7	8	9	10	11	12
生長狀態	最低溫度18°以上						生長期					
	花莖伸長	開花					第二波花開花		花芽分化		花莖伸長	
放置場所						沒有陽光直射的明亮窗邊						
	在保溫設備中					（沒有陽光直射的明亮室外也OK）					在保溫設備中	
澆水·肥料	變乾後施給液體肥料取代澆水											
								（緩效性化合肥料的盆面置肥也OK）				
十要的作業	暫時固定花莖			花莖修剪						暫時固定花莖		
							第二波花的花莖修剪					
	豎立觀賞用支柱			移植								

照護和急救方法
常見問題 Q&A

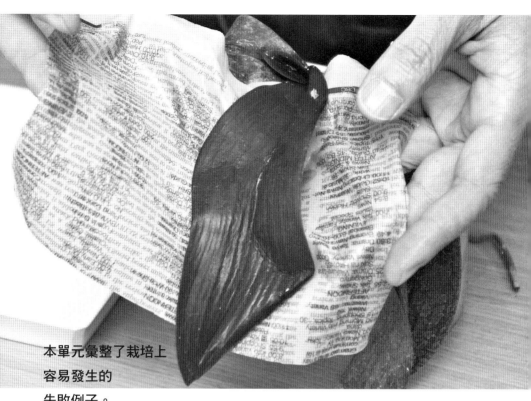

本單元彙整了栽培上
容易發生的
失敗例子。
只要透過適當的處理，
就能培育出健全的植株。

Q 不小心折斷了
生長中的花莖。
是不是
就不會開花了呢？

Q 花苞在開花前
就變黃、掉落，
請問是什麼原因?

A 還是有
開花的可能性。

A 有很多原因
都可能造成此情況。

蝴蝶蘭的花莖上有很多的節，即使不小心將伸長中的花莖折斷，也有可能會從下方的節處長出新芽，甚至開花。

花莖通常是朝斜上延伸，因此也常常會在花盆移動時，或花盆傾倒時折斷。為了不讓花莖折斷，建議可盡早豎立支柱，或將盆栽吊掛著栽培。

就算花莖是從基部折斷，但仍有可能會從植株的另一側長出新的花莖，因此先別放棄，請繼續栽培。

從折斷的花莖上長出了新的花芽，且開出了花朵。

成功度過了冬天，花莖也在春天延伸，就快要開出花的時候，大的花苞卻掉落了。這種情況有下述幾種原因會造成：

❶沒有澆水，持續極度乾燥的狀態
❷空氣中的濕度不足
❸移動位置時所造成的環境變化
❹通風不良

❶是澆水太少。花苞有在變大，表示植株正在生長，若盆內變乾後，過了幾天請務必要澆水。

常見的是❷。冬季時放在有暖爐等暖氣設備的房間中，因為空氣過於乾燥，而導致了花苞受損。請在盆栽四周噴灑霧水，或利用加濕器來維持濕度。但如果植株放置在夜間溫度會降低的場所，就不可以直接在花苞上噴霧水。因為帶水氣的花苞遇到低溫時，就容易發生灰黴病。

❸看到花苞後就盡量不要更動環境。

❹盆栽四周的空氣若不流通，花苞就有可能掉落。盡可能在通風良好的場所中管理。但是如果吹到的是乾熱的風或冷風，也有可能會導致落蕾，需要特別注意。

如果上述的因素都沒有問題，那有可能問題是出在植株買來之前的環境。在園藝店時植株被放置在寒冷的位置、在運輸過程中車內悶熱……都有可能造成買來後出現花苞掉落的狀況。

大的花苞雖然掉落，但多半在花莖的前端仍留有小的花苞，花苞終究還是會變大、開花，因此請別放棄，請持續管理。

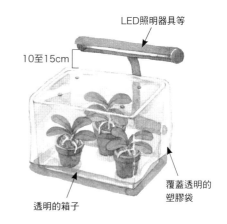

LED照明器具等

10至15cm

透明的箱子

覆蓋透明的塑膠袋

Q 冬季期間，不太有日照……

A 可利用照明器具來補光。

冬季時日照時間短，光合作用不足，植株會因而逐漸衰弱。如果放在窗邊依然沒有足夠的日照時，可放置在LED或日光燈等的照明器具下，利用補光的方式來補充光線。此方式也有加溫的效果，建議可以將植株放進透明的衣物收納箱中，並覆蓋上大的透明塑膠袋。

Q 度冬失敗了，還有可能再生嗎？

A 有可能再生。依照葉片的有無，有不同的再生方法。

葉片已掉落的植株

12至3月期間，因為放置場所的溫度、日照不足、澆水過多等原因，無法順利度冬，葉片急速地掉落下來。或冬季期間的管理不當，病蟲害在植株衰弱時入侵，讓葉片嚴重地受損。

像前述的植株，在5月下旬前請完全不要澆水。莖部中心的底部若健康，6月時可能會冒出側芽，長出子株，新葉成長。

3月中旬時，讓栽培介質變乾，並讓葉片掉落後的傷口也變乾燥。4月至5月時，僅在水苔的表面噴灑霧水，給予濕氣程度般的水分補給，注意勿灑水在葉片掉落後的莖部中心。

不只有蝴蝶蘭，其他的熱帶植物亦同，植株是否枯死，在7月中旬之前是幾乎無法判定的。因此切勿因為植株在冬天落葉了，就急忙將它丟棄。

因疾病而葉片受損的植株。7月中旬過後，若新葉、側芽沒有冒出，就沒有再生的可能性。

留有葉片的植株

　　雖然植株上仍留有葉片，但葉片應該萎縮且沒有活力。如果沒有得病，將植株放入塑膠袋中照養，仍有可能會再生。

　　如果是葉片前端有病症的植株，請將葉片剪短成一半左右。將報紙浸泡在以500毫升的水溶入15克的砂糖所作的砂糖水中，之後以報紙包夾住葉片。放入透明塑膠袋後密封，將整個袋子放置在室內且隔有玻璃窗的日照處。

　　兩個月後，葉片就會變得有張力且有厚度。

讓萎縮的葉片復活的方法

﹝放入塑膠袋中﹞

① 將報紙浸泡在以500毫升的水溶入15克的砂糖所作的砂糖水中。砂糖的適當比例為3%。

② 約兩個月後，葉片恢復光澤且變得結實。

﹝讓葉片沾附砂糖水﹞

① 將報紙浸泡在以500毫升的水溶入15克的砂糖所作的砂糖水中。砂糖的適當比例為3%。

② 以①的報紙緊密地包覆住葉片，放置到變乾為止。所有的葉片都進行會更有效果。

Q 要一個一個
套塑膠袋，
很麻煩。

 A 可以利用衣物
收納箱。

要讓迷你蝴蝶蘭或小型原生種度冬時，半透明的衣物收納箱可派上用場。因為四周有屏障，所以能阻擋暖氣房中異常的乾燥空氣，或從門縫等吹進來的冷風。

夜晚時覆蓋毛毯等，盡可能保溫。12月至2月期間，蓋上箱蓋，澆水頻率約一個月一次。10月至11月期間及3月，溫度上升可能會出現悶熱的狀況，要適時開閉箱蓋，進行溫度的調節。

利用衣物收納箱的保溫方法

利用半透明衣物收納箱的度冬方式。連同端盤一起放入會更為穩定。

放入最高最低溫度計，為了不讓高低溫太極端，適時開閉箱蓋。15°至32°為理想溫度。

12至2月期間，蓋上箱蓋，放在隔有蕾絲窗簾的日照處。10、11、3月，適時開閉箱蓋，以調節溫度。

若密閉，水氣會在箱內循環，可維持濕度。

放置時盡可能不要讓葉片相互碰觸。日照強時，可在箱側或箱蓋上貼上黑色膠布來遮光。

Q 如何在冬天
替開花中的
大型植株保溫呢？

A 只在夜晚，將植株擺
放在平面加溫器上。

Q 我的蝴蝶蘭
總是因為冬天的寒冷
而枯死……

A 冬季晚間的溫度管理
是讓蝴蝶蘭順利生長
的關鍵。

有時在歲末贈禮時會收到大株的蝴蝶蘭。白天時放在室內觀賞，夜間時溫度下降，如此可能會減短花朵的壽命，也會影響日後的生長狀況。雖然可以在晚間套上大塑膠袋來保溫，但也有可能會因為在每天早上拆掉塑膠袋時，而使花朵受損。

此時可以活用園藝用的平面加溫器。因為只有在根部的部分加溫，在順利度冬的同時，也不會傷害到植株。

像蝴蝶蘭般，葉片厚且柔軟的植物，與其他葉片薄且堅硬的植物是不同的，二氧化碳的吸取並非在白天，而是在傍晚，因此即使到了夜晚，也仍然在活動。

但如果夜間的溫度過低，葉背上的氣孔就無法正常工作，根部前端也無法進行細胞分裂，活動會完全停滯。耐病性因而降低，潛藏在盆內耐低溫的細菌則趁此時入侵根部，最後導致植株出現根部腐爛的狀況。

若最低氣溫低於7°以下，蝴蝶蘭的狀況就會惡化。雖然不會一兩天就馬上枯死，但損傷會逐漸累積，等到發現時，植株已經出現根部腐爛、葉片脫水等症狀，已經到了無法處理的狀態。

檐廊、日光室、起居室等場所，常常會讓人誤以為夜晚的時候也能保有一定的溫度，但其實不然。首先先從裝設最高最低溫度計，掌握夜間的最低溫度開始吧！為了能測得確切的溫度區間，建議將溫度計設置與盆栽同高，並且每天進行量測。

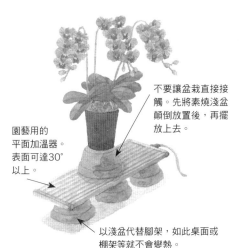

園藝用的
平面加溫器。
表面可達30°
以上。

不要讓盆栽直接接觸。先將素燒淺盆顛倒放置後，再擺放上去。

以淺盆代替腳架，如此桌面或棚架等就不會變熱。

Q 有輕便簡單的
保溫設備嗎？

A 建議使用
室內小型溫室。

室內小型溫室
塑膠或不鏽鋼的骨架上覆蓋了塑膠套等組
成。因為沒有接水盆，所以放置在室內時，
需要鋪設防水墊。此類型如需加溫，大多需
要再另外設置平面加溫器、恆溫器、內部循
環扇等。

有外罩的不鏽鋼自製棚架
在不鏽鋼的棚架上罩上了包裝用的氣泡棉。
與室內小型溫室有相同的效果。

Q 有耐寒性強的
蝴蝶蘭嗎？

A 迷你類型和中小型
較為耐寒。

　　一般我們常說迷你類型、及介於
迷你與普通中間的中小型類型，擁有
較高的耐寒性。

　　例如，原產於台灣的南洋白花蝴
蝶蘭（Phalaenopsis amabilis），
及以南洋白花蝴蝶蘭為親本所交配出
的品種，即使最低溫度只有7°，也依
然可以度冬。

　　原產於菲律賓，小輪多花性的
小型品種姬蝴蝶蘭（Phalaenopsis
equestris），能耐最低溫度5°的氣
溫。除此之外，原產於泰國的朵麗蘭
（Doritis pulcherima），耐寒性更
高，可耐最低約3°的溫度。

　　雖說上述這些品種都有高耐寒
性，但如果低溫不斷持續，仍然會有
可能枯死，因此管理時還是要盡可能
讓最低溫度提高。

姬蝴蝶蘭
（Phalaenopsis
equestris），最低溫
度5°以上。

朵麗蘭（Doritis
pulcherima），最
低溫度3°以上就能度
冬。

Q 葉片裂開了⋯⋯

A 以瞬間接著劑
接合起來。

蝴蝶蘭的葉片有時會從前端裂開來。若放任不管，裂縫就會越來越大，而沒有被妥善處理的傷口就會引發疾病。因此一旦發現，請盡早以瞬間接著劑讓葉片接合起來。

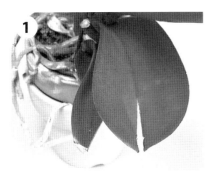

從葉片前端開始裂開了。

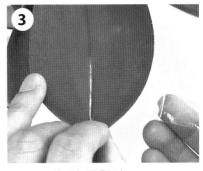

接合後，前端以透明膠帶固定。

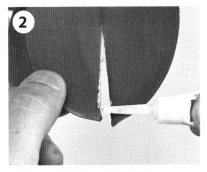

在裂縫處，小心地塗抹上瞬間接著劑。

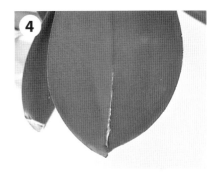

確認接著劑已經變乾後，拆除膠帶。

Q 葉片像螺旋槳一樣，要怎麼作才能讓株型如贈禮用的蝴蝶蘭一般呢？

 A 從固定方向照射陽光。

花芽生長的方向

南
東
西
北

蝴蝶蘭的葉片本來就並非是左右兩邊呈180°地展開，而是傾斜著變大。如果能讓植株經常從同一個方向照射陽光，新的葉片即使長出來，也不會變成方向不一的螺旋槳狀。

先設定讓12點鐘方向朝南，6點鐘朝北，9點鐘朝東，3點種朝西，之後讓葉片朝著10點半和4點半的方向擺放。如此擺放後，花莖就會朝著光線強的方向伸長，也就是兩者之間的1點鐘方向（一天中陽光最強的時段為正午至下午1點）。

如果因為窗戶等的限制，無法照此方式擺放時，則讓植株朝著光線最強的方向，並經常朝向同一個角度擺放。

若株型已經呈現螺旋槳狀的情況時，先以最上方葉片的方向決定出方向後，朝固定方位持續栽培兩年，待之後下方葉片掉落，葉片就會朝向一致的方向。

葉片展開的方向不一，變成像螺旋槳狀。

徹底解說！

病蟲害防治

要每年都有漂亮的花朵可以欣賞，
不可缺少的就是病蟲害的防治。
若一旦發生病蟲害，
植株就無法健全生長，甚至會枯死。

Pest
Control

疾病的防治

病毒引發的疾病

蘭花病毒病

　　最為可怕的疾病之一。會從害蟲或移植時使用的剪刀等而傳染。透過太陽光觀看葉片，若葉片上出現了馬賽克狀的模樣，即可判定是蘭花病毒病。嚴重時，花朵上也會出現馬賽克狀病斑，喪失了觀賞價值。一旦發病後，就無法復原，只能將植株丟棄。

　　要預防蘭花病毒病，就是要將媒介的蚜蟲、薊馬等完全驅除。除了不要讓盆底流出的餘水噴濺到其他的植株之外，也建議不要將病株的花盆或栽培介質重新再利用。移植時使用過的剪刀，務必要以打火機的火等，燒灼刀刃進行消毒。

細菌引發的疾病

軟腐病

　　葉片上出現如水漬般的斑點或斑紋，逐漸轉為褐色，鬆弛並腐敗。發病不久後會從被害部位滲出褐色的水滴，並發出獨特的腐敗臭味。此水滴若在澆水時飛散，就會傳染至其他植株，因此需要特別注意（參照P.33）。

褐斑細菌病

　　葉片上出現如水漬般的淡褐色小型斑點，逐漸擴大變成褐色，其四周會變色成淡黃色。如果遇上易加速病情的高溫多濕，斑點就會更加擴大，蔓延至整體葉片，使其腐敗，最後甚至使植株枯死。

　　立即將發病的植株丟棄，或將被害部位完全切除乾淨。想只靠噴灑藥劑來治療是不可能的，因此更需要努力進行預防。

褐斑細菌病。
葉片出現水漬狀且變色。

真菌引發的疾病

炭疽病

　　特徵是黑色的斑點。被害部位與健全部位的交界處為黑褐色的斑點，健全的部位會稍微變為黃白色。此症狀常會和葉片燒焦搞混，若是單純的葉片燒焦，剛開始時雖是黑褐色，但很快就會乾枯，並從茶褐色變成白色。

　　將黑褐色的部分，及其周圍到綠色的部分為止，以刀片挖除，作業時要盡可能不要碰觸到黑褐色的部分。

炭疽病。被害部分為茶褐色，周圍則是黑褐色。

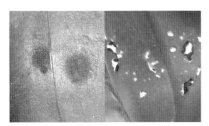

葉片燒焦的初期症狀（左），惡化後的狀況（右）。

灰黴病

　　低溫期再加上過於潮濕時，就會在花苞或剛開的花朵上發病。先出現水漬狀的小斑點，最後斑點會變為褐色。若放任不管，斑點上會長出灰色至綠灰色的真菌，而胞子就會隨著風或澆水時而飛散。多從發病植株的枯葉或花瓣而擴散開來，因此要加以處理乾淨。保溫設備內如果開始擴散時，先除濕後，以Afet水懸劑（有效成分：Penthiopyrad）或Benika X Fine噴霧劑（有效成分：可尼丁、芬普寧、滅派林）來防治。

灰黴病。若出現在花朵上會降低觀賞價值，因此要留意。

鐮胞菌萎凋病

　　從根部或接近盆面的部位開始感染，葉片急速黃化後，會變為褐色，且出現嚴重脫水的症狀。不是整個植株都會出現，有時只出現在一部分。

　　枯死且腐敗的部分會長出紅色至紅褐色的真菌或白色菌絲。若植株中央基部的葉片被侵入就已回天乏術。預防的要點在於不要讓接近盆面處長時間積水或悶熱。

鐮胞菌萎凋病。從根部或接近盆面的部位開始感染並擴大。

害蟲的防治

如果出現了病症

立即停止澆水使其變乾,並切除患部,儘管只有這些步驟就足以抑止疾病的擴大。

使用消毒過的刀片或剪刀,將患部切除,作業時要注意勿碰觸到患部。接觸到患部的刀刃,上面沾附了非常多的病原菌,因此要養成在作業前後,利用打火機等的火來消毒的習慣。

將剪切下來的葉片裝入塑膠袋後丟棄。

最重要的是預防

疾病發生的原因幾乎都是因為栽培環境不夠完善,使得植株的耐病性降低而引起。季節轉換的時期易發病,這可以說是因為植株無法應付環境的變化所造成。讓通風、溫度、陽光等三要素更為適宜,盡力製造出對植株無負擔的環境。

一旦得病,會帶給植株相當大的損傷,且不易復原。培育出健全的植株,相對的就會提高防禦力。

粉介殼蟲

從開花期開始便容易發生。因為粉介殼蟲會移動,所以不容易處理。若放任不管,會引發煤病。一旦發現,立即以濕紙巾等將其刷落。移植換盆時也要仔細觀察,若附著在植株上,要將其完全驅除。

粉介殼蟲的防治

易出現在葉背,要特別留意。

植株直立時,被刷落的害蟲依然會落在植株上,因此讓植株橫躺後再進行。

**害蟲也會使得病毒病
或真菌性疾病蔓延擴散。
因此，蟲害的預防和驅除
是相當重要的。**

蟎類

腐食酪蟎

多發於開花期，侵入花苞內部，吃食花苞。花苞會變黃、枯萎，花朵會萎縮。

葉蟎

多發於梅雨季結束後至8月的高溫乾燥期。葉背會出現絲網狀，或有白色斑點。以手指搓揉葉背，會感覺黏膩。若以放大鏡觀察，可發現約0.2公厘大小的葉蟎。經常噴灑葉水，可達到預防的效果。一旦發現，可噴灑Malathion乳劑（有效成分：馬拉松）等。

薊馬

在高溫乾燥時易發生。從3月日照變強後，會吸食花苞或花朵的汁液，造成損傷。花瓣重疊的部分會褐色，或出現茶褐色的塊斑。可利用Malathion乳劑（有效成分：馬拉松）、Orutoran（有效成分：毆殺松）等來驅除。

蚜蟲

雖然不常見，但會較薊馬晚一點發生。出現於花苞、花朵或花莖。黃色的花苞尤其容易受害，要特別注意。嚴重時花苞會掉落，或花朵打不開。如果放任不管，會留下脫皮殼，或引發煤病，因此要盡早採取對策。

蚜蟲討厭會發亮的物品，可以在花盆下方鋪上鋁箔紙，或以風箏線將切成20公分寬的四方形鋁箔紙片垂掛而下，如此皆可達到預防的效果。可噴灑Malathion乳劑（有效成分：馬拉松）等來防治。

蛞蝓

進入梅雨季節後，喜歡多濕的蛞蝓所造成的損害變多。白天時蛞蝓躲藏在花盆的背面，到了晚間吃食花苞、花朵、根部前端、新葉等。

蛞蝓爬過之處會留下白色發亮的黏液，一旦發現就進行捕殺。誘殺劑（metaldehyde劑）盡可能在澆過水後使用。

花の道 68

全年度蝴蝶蘭栽培基礎書

作　　　　者	／	富山昌克
譯　　　　者	／	楊妮蓉
發　行　　人	／	詹慶和
總　編　　輯	／	蔡麗玲
執　行　編　輯	／	劉蕙寧
編　　　　輯	／	蔡毓玲・黃璟安・陳姿伶・李宛真・陳昕儀
執　行　美　編	／	周盈汝
美　術　編　輯	／	陳麗娜・韓欣恬
內　頁　排　版	／	造極
出　　版　　者	／	噴泉文化館
發　　行　　者	／	悅智文化事業有限公司
郵政劃撥帳號	／	19452608
戶　　　　名	／	悅智文化事業有限公司
地　　　　址	／	新北市板橋區板新路 206 號 3 樓
電　　　　話	／	(02)8952-4078
傳　　　　真	／	(02)8952-4084
電　子　信　箱	／	elegant.books@msa.hinet.net

2019 年 6 月初版一刷　定價 380 元

PHALAENOPSIS by Masakatsu Tomiyama
Copyright © 2017 Masakatsu Tomiyama, NHK Publishing, Inc.
All rights reserved.
Original Japanese edition published by NHK Publishing, Inc.

This Traditional Chinese edition is published by arrangement with NHK Publishing, Inc., Tokyo in care of Tuttle-Mori Agency, Inc., Tokyo
through Keio Cultural Enterprise Co., Ltd., New Taipei City.

經銷／易可數位行銷股份有限公司
地址／新北市新店區寶橋路 235 巷 6 弄 3 號 5 樓
電話／ (02)8911-0825
傳真／ (02)8911-0801

富山昌克（Tomiyama Masakatsu）

出生於 1964 年，大阪府藤井寺市。千葉大學園藝學部畢業後，歷經夏威夷大學熱帶園藝學部交換研究生，現任 Mericlone Arts 及富山蘭園 奈良農場代表。利用植物生物科技進行花的品種改良、園藝機材及用品的開發，並致力於專門學校等的園藝教育，活躍地參與各項園藝的普及活動和演講等。持續研究探索世界上的蘭花原產地。著有《洋蘭 I 室內室外管理》、《洋蘭 II 溫室管理》（以上為保育社出版）、《蘭科植物的無性繁殖》（トンボ出版）、《全年度秋石斛栽培基礎書》（NHK 出版）。

封面設計	編輯協助
Okamoto Issen Graphic Design Co.,Ltd.	三好正人
內文設計	企劃・編輯
山內迦津子・林聖子	上杉幸大（NHK 出版）
（Hiroshi Yamauchi Design Office）	
	採訪協助・圖片提供
封面攝影	おぎの蘭園
田中雅也	黑白洋蘭園
	國分寺洋蘭園
內文攝影	椎名洋ラン園
田中雅也	ススギラン園
伊藤善規／成清徹也	スマイルオーキッド
	タリエン
插畫	富山蘭園・奈良農場
五嶋直美	花匠
江口あけみ	花職人
タラジロウ（書中登場人物）	松浦園藝
	Mericlone Arts
造型設計	てテギ洋蘭園
石崎純	森田洋蘭園
校正	
安藤幹江	

國家圖書館出版品預行編目資料

全年度蝴蝶蘭栽培基礎書／富山昌克著；楊妮蓉譯．－初版．－新北市：噴泉文化館出版，2019.6
　　面；　公分．--（花之道；68）
　ISBN 978-986-97550-4-7（平裝）

1. 蘭花 2. 栽培

435.4312　　　　　　　　　　108007247

Phalænopsis

悠遊四季花間
擁抱一束季節馨香

本圖片摘自《冠軍花藝師的設計×思考 學花藝一定要懂的10堂基礎美學課》

花之道 16
德式花藝名家親傳
花束製作的基礎&應用
作者：橋口學
定價：480 元
21×26 公分・128 頁・彩色

花之道 17
幸福花物語・247 款
人氣新娘捧花圖鑑
授權：KADOKAWA CORPORATION
ENTERBRAIN
定價：480 元
19×24 公分・176 頁・彩色

花之道 18
花草慢時光・Sylvia
法式不凋花手作札記
作者：Sylvia Lee
定價：580 元
19×24 公分・160 頁・彩色

花之道 19
世界級玫瑰育種家栽培書
愛上玫瑰&種好玫瑰的成功
栽培技巧大公開
作者：木村卓功
定價：580 元
19×26 公分・128 頁・彩色

花之道 20
圓形珠寶花束
閃耀幸福&愛・繽紛的花藝
52 款妝一定喜歡的婚禮捧花
作者：張加瑜
定價：580 元
19×24 公分・152 頁・彩色

花之道 21
花禮設計圖鑑 300
盆花+花圈+花束+花盒+花裝飾・
心意&創意滿點的花禮設計參考書
作者：Florist 編輯部
定價：580 元
14.7×21 公分・384 頁・彩色

花之道 22
花藝名人的
葉材構成&活用心法
作者：永塚慎一
定價：480 元
21×27 cm・120 頁・彩色

花之道 23
Cui Cui 的森林花女孩的
手作好時光
作者：Cui Cui
定價：380 元
19×24 cm・152 頁・彩色

花之道 24
綠色殺會的創意書寫
自然系乾燥花草設計集
作者：kristen
定價：420 元
19×24 cm・152 頁・彩色

花之道 25
花藝創作力！以6訣竅提昇
個人風格&設計靈感
作者：久保數política
定價：480 元
19×24 cm・136 頁・彩色

花之道 26
FanFan 的融合 混搭花藝學：
自然自在花浪漫
作者：施慎芳（FanFan）
定價：420 元
19×24 cm・160 頁・彩色

花之道 27
花藝達人精修班：
初學者也 OK 的 70 款花藝設計
作者：KADOKAWA CORPORATION
ENTERBRAIN
定價：380 元
19×26 cm・104 頁・彩色

花之道 28
愛花人的玫瑰花藝設計 book
作者：KADOKAWA CORPORATION
ENTERBRAIN
定價：480 元
23×26 cm・128 頁・彩色

花之道 29
開心初學小花束
作者：小野木彩香
定價：350 元
15×21 cm・144 頁・彩色

花之道 30
奇形美學 食蟲植物瓶子草
作者：木谷美咲
定價：480 元
19×24 cm・144 頁・彩色

花之道 31
葉材設計花藝學
授權：Florist 編輯部
定價：480 元
19×24 cm・112 頁・彩色

花之道 32
Sylvia 優雅法式花藝設計課
作者：Sylvia Lee
定價：580 元
19×24 cm・144 頁・彩色

花之道 33
花・實・穗・葉的
乾燥花手作好時日
授權：誠文堂新光社
定價：380 元
15×21cm・144 頁・彩色

花之道 34
設計師的生活花藝香氛課：
手作不只是花×倍×燭，
還是浪漫時尚與幸福！
作者：張加瑜
定價：480 元
19×24cm・160 頁・彩色

花之道 35
最適合小空間的
盆植玫瑰栽培書
作者：木村卓功
定價：480 元
21×26 cm・128 頁・彩色

花之道 36
森林夢幻系手作花配飾
作者：正久りか
定價：380 元
19×24 cm・88 頁・彩色

花之道 37
從初階到進階・花束製作の
選花&組合&包裝
授權：Florist 編輯部
定價：480 元
19×26 cm・112 頁・彩色

花之道 38
零基礎 ok！小花束的
free style 設計課
作者：one coin flower 俱樂部
定價：350 元
15×21 cm・96 頁・彩色

花之道 39
綠色殺倉的
手綁自然風排花束
作者：Kristen
定價：420 元
19×24 cm・136 頁・彩色

花之道 40
葉葉都是小綠藝
授權 Florist 編輯部
定價 380 元
15 × 21 cm · 144 頁 · 彩色

花之道 41
盛開吧！花 & 笑容綻福系，
手作花禮設計
授權 KADOKAWA CORPORATION
定價 480 元
19 × 27.7 cm · 104 頁 · 彩色

花之道 42
女孩兒的花裝飾，
32 款優雅纖細的手作花飾
作者 折田まゆみ
定價 480 元
19 × 24 cm · 80 頁 · 彩色

花之道 43
法式夢幻復古風：
婚禮布置 & 花藝提案
作者 古賀みゆき
定價 580 元
18.2 × 24.7 cm · 144 頁 · 彩色

花之道 44
Sylvia's 法式自然風手綁花
作者 Sylvia Lee
定價 580 元
19 × 24 cm · 128 頁 · 彩色

花之道 45
綠色穀倉的
花草香芬蠟設計集
作者 Kristen
定價 480 元
19 × 24 cm · 144 頁 · 彩色

花之道 46
Sylvia's
法式自然風手作花圈
作者 Sylvia Lee
定價 580 元
19 × 24 cm · 128 頁 · 彩色

花之道 47
花草初時日：跟著 James
開心初學韓式花藝設計
作者 James
定價 580 元
19 × 24 cm · 154 頁 · 彩色

花之道 48
花藝設計基礎理論學
作者 磯部健司
定價 680 元
19 × 26 cm · 144 頁 · 彩色

花之道 49
隨手・東即風景：
初次手作個性的乾燥花束
作者 岡本典子
定價 380 元
19 × 26 cm · 88 頁 · 彩色

花之道 50
雜貨風植栽家：
空氣鳳梨栽培圖鑑 118
作者 鹿島善雄
定價 380 元
16 × 26 cm · 88 頁 · 彩色

花之道 51
綠色穀倉・最多人想學的
24 堂乾燥花設計課
作者 Kristen
定價 580 元
19 × 24 cm · 192 頁 · 彩色

花之道 52
與自然一起吐息・
空間花設計
作者 楊婷雅
定價 680 元
19 × 26 cm · 196 頁 · 彩色

花之道 53
上色・構圖・成型
一次學會自然系花草香氛蠟磚
監修 篠原由子
定價 350 元
19 × 26 cm · 96 頁 · 彩色

花之道 54
古典花時光・Sylvia's
法式乾燥花設計
作者 Sylvia Lee
定價 580 元
19 × 24 cm · 144 頁 · 彩色

花之道 55
四時花草・與花一起過日子
作者 須磨佳津江
定價 680 元
19 × 26 cm · 208 頁 · 彩色

花之道 56
從基礎開始學習：
花藝設計色彩搭配學
作者 坂口美重子
定價 580 元
19 × 26 cm · 352 頁 · 彩色

花之道 57
切花保鮮術：讓鮮花壽命更
持久 & 觀賞更美好的品保關鍵
作者 市村一雄
定價 380 元
14.8 × 21 cm · 112 頁 · 彩色

花之道 58
法式花藝設計配色課
作者 古賀朋子
定價 580 元
19 × 26 cm · 192 頁 · 彩色

花之道 59
花圈設計的創意發想 & 製作：
150 款鮮花 × 乾燥花 × 不凋
花
× 人造花的素材花圈
作者 florist 編輯部
定價 580 元
19 × 26 cm · 232 頁 · 彩色

花之道 60
異素材花藝設計
作品實例 200
授權 Florist 編輯部
定價 580 元
14.7 × 21 cm · 328 頁 · 彩色

花之道 61
初學者的花藝設計
配色課
作者 坂口美重子
定價 580 元
19 × 26 cm · 232 頁 · 彩色

花之道 62
全作法解析・四季選材
德式花藝の花圈製作課
作者 橋口学
定價 580 元
21 × 26 cm · 136 頁 · 彩色

花之道 63
冠軍花藝師的設計 × 思考
學花藝一定要懂的 10 堂基礎
美學課
作者 florist 編輯部
定價 1200 元 · 特價 980 元
19 × 26 cm · 192 頁 · 彩色

花之道 64
為你的日常插花吧！18 組生
活家的花事設計
作者 平井かずみ（Hirai Kazumi）
定價 480 元
19 × 26 cm · 136 頁 · 彩色

花之道 65
全年度玫瑰栽培基礎書
作者 鈴木滿男
定價 380 元
15 × 21 cm · 96 頁 · 彩色

花之道 66
一起插花吧！從零開始，
有系統地學習花藝設計
作者 陳淑娟
定價 1200 元 · 特價 980 元
19 × 26 cm · 176 頁 · 彩色

花之道 67
不凋花調色實驗設計書
作者 張加瑜
定價 680 元
19 × 26 cm · 160 頁 · 彩色

Phalænopsis